FENGLI FADIANJI
RUNHUA XITONG

风力发电机
润滑系统

内蒙古电力科学研究院　编著

U0246671

中国电力出版社
CHINA ELECTRIC POWER PRESS

内 容 提 要

近年来风电行业迅速发展，齿轮箱设计、制造、运行维护水平得到长足进步，但子系统或组件（特别是动力传输系统）故障经常过早发生。因此，提高动力传输系统的可靠性和延长齿轮箱的使用寿命对于降低风电机组运行成本是非常关键的。

润滑油在风机齿轮箱润滑系统中主要起着减少齿轮箱摩擦副之间的摩擦，降低磨损等重要作用，其良好性能是齿轮箱系统可靠工作的重要保证。本书从润滑油基础、风电机组润滑油的选择、使用、检测、评价、设备维护，以及风电场齿轮油检测实例等方面进行阐述，以期能为风电企业提供关于油品选择、运行维护等的建议，为风电企业发展提供全面、翔实的数据支撑。

本书可供风电相关领域的工作人员、高等院校相关专业人员、检测机构试验人员等参考使用。

图书在版编目（CIP）数据

风力发电机润滑系统 / 内蒙古电力科学研究院编著 . —北京：中国电力出版社，2018.3
ISBN 978-7-5198-1670-4

Ⅰ. ①风… Ⅱ. ①内… Ⅲ. ①风力发电机－润滑系统 Ⅳ. ① TM315

中国版本图书馆 CIP 数据核字（2017）第 323678 号

出版发行：中国电力出版社
地　　址：北京市东城区北京站西街 19 号（邮政编码 100005）
网　　址：http://www.cepp.sgcc.com.cn
责任编辑：刘汝青（010-63412382）
责任校对：常燕昆
装帧设计：赵姗姗
责任印制：蔺义舟

印　　刷：三河市百盛印装有限公司
版　　次：2018 年 3 月第一版
印　　次：2018 年 3 月北京第一次印刷
开　　本：787 毫米 ×1092 毫米　16 开本
印　　张：8.25
字　　数：176 千字
印　　数：0001—1500 册
定　　价：40.00 元

《风力发电机润滑系统》编委会

前 言

1973 年石油危机后，欧美列国为了寻找新的能量来源研制开发了风力发电机，限于技术能力，产品可靠性、安全性一直没有得到验证，因此并未引起太多关注和支持。直至 19 世纪 90 年代美国出台了一系列政策，才使风电得到迅速发展。而我国 1995 年的"乘风计划"才确立国产大风机进程，到了 21 世纪出台了各项法规，确立风电为重点项目。

风能作为可再生、无污染的绿色新能源，是实现能源生产和消费革命的重要清洁能源，符合国家节能减排政策，发展风电有利于改善生态环境，推动生态文明建设。因此，风力发电得到快速发展。"十二五"期间，我国风电新增装机容量连续五年领跑全球，累计新增 9800 万 kW，占同期全国新增装机总量的 18%，在电源结构中的比重逐年提高。2016 年，全国风电保持健康发展势头，全年新增风电装机 1930 万 kW，累计并网装机容量达到 1.49 亿 kW，占全部发电装机容量的 9%，风电发电量 2410 亿 kWh，占全部发电量的 4%。2016 年，全国风电平均利用小时数 1742h，同比增加 14h，全年弃风电量 497 亿 kWh。《国家能源局关于下达 2016 年全国风电开发建设方案的通知》提出，2016 年全国风电开发建设总规模达到 3083 万 kW，风电已成为我国继煤电、水电之后的第三大电源。国务院发布的《能源发展战略行动计划（2014—2020）》提出，到 2020 年风电装机容量将达到 2 亿 kW；"十三五"风电发展规划也提出，至 2020 年风电装机总容量将超过 2 亿 kW。在风电基地的建设时间表中，内蒙古规划到 2020 年风电装机达到 5830 万 kW，蒙西 3830 万 kW，蒙东 2000 万 kW，风电上网电量约 1300 亿 kWh。

尽管这些年风电行业迅速发展，齿轮箱设计、制造、运行维护水平得到长足进步，但子系统或组件（特别是动力传输系统）故障经常过早发生。因此，提高动力传输系统的可靠性和延长齿轮箱的使用寿命对于降低机组运行成本非常关键。主齿轮箱是风电机组的核心部件，设计寿命一般为 20 年，它可以将叶片的低转速、高转矩转换为用于发电机上的高转速、低转矩。如果齿轮箱发生故障，将对机组安全稳定运行产生巨大影响。由于风机安装地点限制和齿轮箱每次更换或大修耗时、费力，在风机动力传输系统中齿轮箱属于维修费用最高的组件，因此也成为整个系统可靠性运行关注的焦点。

润滑油在齿轮箱润滑系统中主要起着减少齿轮箱摩擦副之间的摩擦，降低磨损等重要作用，其良好性能是齿轮箱系统可靠工作的重要保证。2015 年 12 月 1 日颁布实施的 DL/T 1461—2015《发电厂齿轮用油运行及维护管理导则》对风电场运行齿轮油的质量指标等提出了明确的要求，有利于促进风电企业对油品开展规范化管理。但是目前风机润滑油的相关书籍较少，本书是从润滑油基础、结构组成、检测、设备维护等角度进行阐述，帮助读者掌握相关知识，以期能为风电企业提供关于油品选择、运行维护等的建议，为风电企业发展提供更全面、翔实的数据支撑。

本书在编写过程中得到了内蒙古电力（集团）有限责任公司相关领导、内蒙古电力科学研究院领导和同事的大力支持、帮助，以及内蒙古电力（集团）有限责任公司科技项目资金的资助（内电生〔2014〕42 号）；内蒙古电力科学研究院的乌日娜、张文耀、阿茹娜、郭江源、刘焕、关瑾等同志参与了试验室检测分析工作，在此对他们表示真挚的感谢。

除了本书所列的参考文献外，编者在编写书稿过程中还参阅了大量近年来关于风电发展及润滑油行业等领域专家及专业人员编写的报告、文献、总结资料，恕难一一详列，在此一并向各位专家、同仁致谢。

限于作者水平，书中难免存在疏漏与不足之处，恳请读者批评指正！

编委会

2017 年 12 月

目 录
contents

01 第一章

润滑油基础

18 世纪的工业革命，使人类完成了从工场手工业向机器大工业阶段的转变，人力逐渐被机器所取代，极大地促进了社会生产力的发展，对人类社会的演进产生了深刻而又巨大的影响。

机器设备在逐渐发展的过程中出现了较多的故障，其中有 40%～60% 是润滑不良造成的，因此润滑油得以兴起并且得到了迅速的发展。润滑油工业是我国支柱产业——石油和化工行业的重要组成部分，与国家宏观经济形势以及汽车、机械、交通运输等行业的发展息息相关，被誉为工业快速发展的"催化剂"。随着我国国民经济的快速发展，润滑油产业发生了深刻的变革，形成了产业化发展的模式，进入了全面激烈竞争的时代，出现了新的发展趋势。

润滑油是四大石油产品之一，是关系国计民生的重要产品，也是各炼化企业展示自身形象、技术水平和整体实力的重要标志。润滑油是化学工业和石油工业的重要组成部分，成品润滑油已经发展到 19 大类 600 多种牌号。润滑油是一种技术密集型产品，是复杂碳氢化合物的混合物。润滑油的发展与国民经济的发展密切相关，直接影响相关行业（如汽车、交通、冶金、机械行业等）的进程。

润滑油一般由基础油和添加剂两部分组成。基础油是润滑油的主要成分，占到润滑油的 70% 以上，决定了润滑油的基本性质，添加剂则能够弥补和改善基础油性能方面的不足，赋予其某些新的性能，是润滑油的重要组成部分。

第一节 润滑油的分组、命名和代号

润滑油根据基础油来源可以分为矿物润滑油、合成润滑油和可生物降解润滑油。矿物润滑油的基础油由原油提炼而成；合成润滑油的基础油是小分子物质通过化学反应生成大分子物质制得，因而获得具有特定性能的润滑油；可生物降解润滑油又称为环境友好型或环境兼容型润滑油，它的特点是可以迅速降解为无害的物质而降低对环境的污染。三种类型润滑油的基础油常见分子结构如图 1-1 所示。

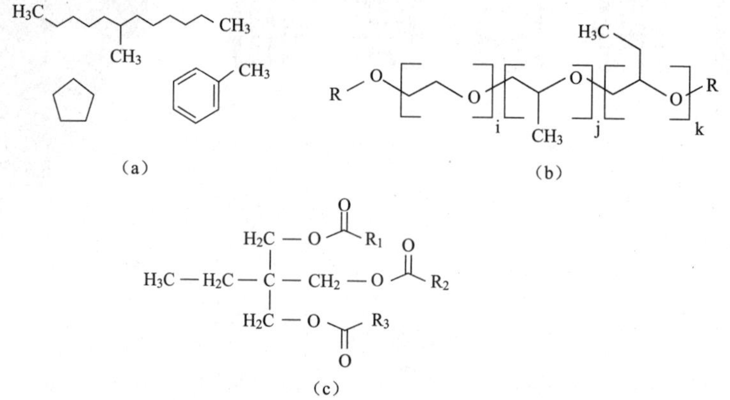

图 1-1 润滑油基础油常见分子结构

（a）矿物基础油；（b）合成基础油；（c）可生物降解基础油

润滑油分类见表1-1和表1-2。

表1-1 润滑油根据用途分类

类别代号	类别名称
F	燃料
S	溶剂和化工原料
L	润滑剂和有关产品
W	蜡
B	沥青
C	焦

注　资料来源于GB/T 498—2014《石油产品及润滑剂分类方法和类别的确定》。

表1-2 润滑油根据应用场合分类

组别	应用场合	组内产品分类标准
A	全损耗系统	GB/T 7631.13
B	脱模	
C	齿轮	GB/T 7631.7
D	压缩机	GB/T 7631.9
E	内燃机	GB/T 7631.3
F	主轴、轴承和离合器	GB/T 7631.4
G	导轨	GB/T 7631.11
H	液压系统	GB/T 7631.2
M	金属加工	GB/T 7631.5
N	电气绝缘	GB/T 7631.15
P	风动工具	GB/T 7631.16
Q	热传导	GB/T 7631.12
R	暂时保护防腐蚀	GB/T 7631.6
T	汽轮机	GB/T 7631.10
U	热处理	GB/T 7631.14
X	用润滑脂的场合	GB/T 7631.8
Y	其他应用场合	
Z	蒸汽气缸	
S	特殊润滑剂应用场合	

注　资料来源于GB/T 7631.1—2008《润滑剂工业用油和有关产品（L类）的分类　第一部分：总分组》。

润滑油根据黏度分为单级润滑油和多级润滑油。对$-18℃$和$100℃$所测得的黏度值仅能满足其中之一者称为单级润滑油；能同时满足$-18℃$和$100℃$两方面黏度要求的润滑油称为多级润滑油。

第二节 润滑油基础油

润滑油基础油是润滑油的主体，在润滑油中所占比例随润滑油品种和质量的不同而变化，一般为70%～99%。基础油质量的好坏直接影响到润滑油产品的质量。基础油按照来源可以分为矿物基础油、合成基础油以及可生物降解基础油三大类。矿物基础油应用广泛，用量很大（约95%以上），但有些应用场合则必须使用合成基础油和生物油基础油调配的产品，因而使这两种基础油得到迅速发展，近些年出于环保的考虑，可生物降解基础油也得到了良好的发展。

基础油生产过程主要有常减压蒸馏，溶剂脱沥青，溶剂精制，溶剂脱蜡，白土或加氢补充精制。基础油的各类组成成分可以分为极性成分和非极性成分，其中极性成分是指极性化合物，包括胶质、沥青等；非极性成分是指饱和烃，包括链烷烃和环烷烃。基础油的加工过程其实就是将极性成分和非极性成分按照一定比例混合在成品基础油中。

一、美国石油协会（API）基础油分类

20世纪90年代，API根据基础油的特性、润滑油的特性及润滑油发展的需要，于1993年将基础油分成5类，具体见表1-3。

表 1-3   API 基础油分类

API 分类	I	II	III	IV	V
饱和烃（%）	65～85	93～99	95～99	99	99
芳烃（%）	15～35	<1～7	<1～5	<1	<1
硫（mg/kg）	300～3000	5～300	0～30	无	无
黏度指数	95～105	95～118	123～150	125～150	
黏度（100℃，mm²/s）	4～32	4～12	4～8	4～7	
倾点（℃）	—15	—15	—15	—45	
与过氧基反应活性	1.0	约0.2	0.1	0.1	

I类基础油通常是由传统的"老三套"工艺生产制得，从生产工艺来看，I类基础油的生产过程基本以物理过程为主，不改变烃类结构，生产的基础油质量取决于原料中理想组分的含量和性质。因此，该类基础油在性能上受到限制。

II类基础油是通过组合工艺（溶剂工艺和加氢工艺结合）制得，使用工艺以化学过程为主，不受原料限制，可以改变原来的烃类结构。因而II类基础油杂质少（芳烃含量小于10%），饱和烃含量高，热安定性和抗氧性好，低温和烟炱分散性能均优于I类基础油。

III类基础油是用全加氢工艺制得，与II类基础油相比，属高黏度指数的加氢基础油，又称非常规基础油（UCBO）。III类基础油在性能上远远超过I类基础油和II类基础油，

尤其是具有很高的黏度指数和很低的挥发性。某些Ⅲ类油的性能可与聚α烯烃（PAO）相媲美，其价格却比合成油便宜得多。

Ⅳ类基础油指的是聚α烯烃（PAO）合成油。常用的生产方法有石蜡分解法和乙烯聚合法。PAO依聚合度不同可分为低聚合度、中聚合度、高聚合度，分别用来调制不同的油品。这类基础油与矿物油相比，无S、P和金属，由于不含蜡，所以倾点极低，通常在-40℃以下，黏度指数一般超过140。但PAO边界润滑性差。另外，由于它本身的极性小，溶解极性添加剂的能力差，且对橡胶密封有一定的收缩性，但这些问题都可通过添加一定量的酯类克服。

二、国内基础油分类

我国润滑油基础油标准建立于1983年，为适应调制高档润滑油的需要，1995年对原标准进行了修订，执行润滑油基础油分类方法和规格标准《润滑油基础油》（QSHR001—1995），详见表1-4。这种分类方法与国际上的分类有着本质上的区别。

表 1-4　　　　　　　　　　　国内基础油分类

黏度指数	类别	通用基础油
VI≥140	超高黏度指数	UHVI
120≤VI<140	很高黏度指数	VHVI
90≤VI<120	高黏度指数	HVI
40≤VI<90	中黏度指数	MVI
VI<40	低黏度指数	LVI
专用基础油：低凝 UHVIW VHVIW HVIW MVIW		
深度精制基础油：UHVIS VHVIS HVIS MVIS		

该标准按黏度指数把基础油分为低黏度指数（LVI）、中黏度指数（MVI）、高黏度指数（HVI）、很高黏度指数（VHVI）和超高黏度指数（UHVI）基础油5档。按使用范围，把基础油分为通用基础油和专用基础油。专用基础油又分为适用于多级发动机油、低温液压油和液力传动液等产品的低凝基础油（代号加W）和适用于汽轮机油、极压工业齿轮油等产品的深度精制基础油（代号后加S）。其中HVI油和VI>80的MVI油都属于国际分类的Ⅰ类基础油；而VI<80的MVI基础油和LVI基础油根本不入类；VHVI、UHVI按国际分类为Ⅱ类和Ⅲ类基础油，但在硫含量和饱和烃方面都没有明确的规定。

基础油的用户、生产厂商和贸易商对第一基础油的规格标准有着不同的理解，国外进口基础油多称一次加氢油和两次加氢油，国内生产的基础油多按中石化的企业标准生产，而很多用户却参考美国API的分类。对基础油的不同称谓实际上也代表了从不同角度对基础油规格的理解。由于标准不统一，一些企业生产不规范或质量低下的基础油料，给调和带来困难，同时也使一些廉价油料充斥市场，影响润滑油的更新换代。2005年中国石化公司结合API基础油分类规则，增加了基础油组成（饱和硫、硫含量）的限定，

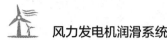

制定了中国石化标准润滑油基础油分类的协议标准，见表1-5。

表1-5　　　　　　　　　中国石化协议标准润滑油基础油分类协议标准

类别	0	I			II		III	IV	V
类型		溶剂精制基础油			加氢基础油			PAO	其他合成油
代号	MVI	HVI I a	HVI I b	HVI I c	HVI II	HVI III	HVI III	—	—
饱和烃（%）		≤90			>90				
硫含量（%）		≥0.03			<0.03				
黏度指数	≥60	≥80	≥90	≥95	90≤VI<110	110≤VI<120	≥120		

三、按照基础油来源分类

1. 矿物基础油

矿物基础油由原油提炼而成，碳原子数一般为20～40个。矿物型基础油的生产，最重要的是选用优质的原油，好的原油更有利于生产优质的矿物性基础油。矿物基础油的化学成分包括高沸点、高分子量的烃类和非烃类混合物。一般为烷烃（直链、支链、多支链）、环烷烃（单环、双环、多环）、芳烃（单环芳烃、多环芳烃）、环烷基芳烃以及含氧、含氮、含硫有机化合物和胶质、沥青质等非烃类化合物。

矿物基础油因所含烃类化合物的组成和结构不同，性质相差较大。一般情况下，烷烃的黏度较小，芳香烃的黏度中等，环烷烃的黏度最大。

在倾点方面，正构烷烃的倾点较高，异构烷烃的倾点会随分支程度的增多大幅下降，带侧链的环烷烃和芳香烃的倾点也会随侧链及分支的增多而大幅下降。

在氧化安定性方面，烷烃属于饱和烃，比较稳定；而环烷烃的环与侧链联结的叔碳原子易发生氧化；芳烃的氧化速度缓慢，且苯环失去氢原子后易与引发链反应的自由基反应形成稳定的芳烃自由基而终止链反应。矿物基础油中所含的非烃类物质如硫化物、氮化物等虽然很少，但对基础油性质的影响却很大。硫醇、二硫化物等硫化物大多以支链形式或者是环状形式存在，很容易被氧化，而且硫化物在高温下还会发生水解反应生成酸，增强腐蚀性。

从生产工艺上看，高质量的矿物基础油一般要经过蒸馏、精制、脱蜡和补充精制四个工艺过程，首先利用各种组分的沸点差异，通过蒸馏分离出各种普通矿物基础油，然后再通过萃取的方法从中除去黏温性能和抗氧化性能差的非理想组分，通过脱蜡处理除去沥青从而得到深度脱蜡矿物基础油，最后催化加氢以除去其中的硫、氧和氮等杂质，将部分非理想组分转化为理想组分，得到深度精制的矿物基础油。目前世界上深度精制的矿物基础油占润滑油总量的5%～10%。

由于矿物基础油原料充足、价格便宜，而且质量能够满足一般条件下各种机械设备的使用要求，还可以通过加入各种具有特殊性能的添加剂来提高油品性能，因而得到广泛的应用。目前以矿物基础油制得的润滑油约占全部润滑油的95%。但矿物基础油受到

本身性能的局限，热安定性和低温流动性差，在高温下容易氧化结焦，并不能完全适应
苛刻条件下的润滑需求。另外，随着近年来环保规范的不断严格，矿物基础油中含有硫
等杂质，环保性能较差，发展受到了一定的影响。

2. 合成基础油

合成基础油是采用有机合成的方法制备具有一定化学结构和特殊性能的油品。制备
合成基础油的原料可以是动植物油脂，也可以是其他化工产品。在化学组成上，矿物基
础油是以各种不同化学结构的烃类为主要成分的混合物，而合成基础油的每一个品种都
是单一的纯物质或同系物的混合物。构成合成基础油的元素除碳、氢之外，还包括氧、
硅、磷和卤素等。在碳氢结构中引入含有氧、硅、磷和卤素等元素的官能团是合成基础
油的显著特征之一。

合成基础油是将小分子的物质通过化学反应生成大分子的物质，按照人们的需求
进行分子结构设计，以实现良好的性能，从而满足不同环境条件下的使用需求。作为
润滑油的基础油组分，以合成基础油为原料生产的合成润滑油比矿物润滑油有许多优
点：①具有良好的耐极端温度能力，具有较强的黏温性能、低腐蚀性能以及挥发性能，
能够保证设备部件在更加严格的条件下工作。②具有低温性能优异、润滑性能良好和
使用寿命长等特点，适用于高负荷、高转速、高真空、高能辐射和强氧化介质等环境。
③具有良好的热氧化安定性、低挥发性。在工业润滑油应用领域，由于冷冻压缩机、
空气压缩机、化学气体压缩机、重负荷齿轮箱和高温烘箱等设备自身的一些特点和要
求，在润滑油的使用上已经很大程度上被合成润滑油所占据，并且成为了一种不可逆
转的趋势。特别是对于冷冻压缩机而言，以多元醇酯和聚醚为基础油的冷冻机油被广
泛应用。④具有蒸发损失小，使用寿命长，能够达到节约能源的目的。例如对于空气压
缩机而言，由于客户越来越关注机件的使用寿命、维修成本和停机损失，目前许多重要
的压缩机型均已使用合成润滑油。

3. 可生物降解基础油

矿物润滑油对地下水的污染长达 100 年之久，微量的矿物油就会阻碍植物的生长和毒
害水生物。因此，润滑油对环境影响受到了人们的重视。为了减少矿物润滑油对环境的
影响，欧洲于 20 世纪 70 年代开发了可生物降解的润滑油，降低了润滑油对环境的污染程
度。可生物降解润滑油，又称"绿色"润滑油，是指性能符合润滑油的要求，废弃后能
在短时间内被微生物分解、不污染环境的润滑油。其中构成可生物降解润滑油的主要成
分为可生物降解基础油。

常用的可生物降解润滑油的基础油按照物理化学性质可分为聚 α 烯烃、聚二醇、合成
双酯、多元醇酯及植物油等。基础油的生物降解性不仅取决于其类型，还取决于结构。
同一类型基础油，结构不同，其生物降解性也会有差异。

虽然目前矿物基础油依然垄断着润滑油市场，但是其生物降解性差，环境污染严重，
随着对环境保护要求的不断提高，势必会被更加环保的可生物降解基础油所替代。可生

物降解基础油主要来源于植物,由于它可以生物降解而迅速地降低环境污染而越来越受欢迎。当今世界上所有的工业企业都在寻求减少对环境污染的措施,这种"天然"润滑油正拥有这个特点,虽然生物基础油成本较高,但所增加的费用足以抵消使用其他矿物油、合成润滑油所带来的环境治理费用。

第三节 润滑油添加剂

添加剂是近代润滑油发展的核心,正确选用并且合理地加入添加剂,能够有效地改善润滑油的性能,降低润滑油的凝固点,迅速消除润滑油中的泡沫,改善黏温、黏滑特性,增加油膜强度等。因此根据润滑油要求的质量和性能,对添加剂精心选择,仔细平衡,并且进行合理调配,是保证润滑油质量的关键。一般常用的添加剂有清洁分散剂、防腐蚀剂、极压抗磨剂、黏度指数改进剂、油性剂、抗氧化剂、倾点下降剂、抗泡剂、抗乳化剂等。

一、清洁剂

清洁剂是指能够使发动机部件得到清洗并保持干净的化学药品。使用清洁剂的主要目的是使发动机内部保持清洁,使生成的不溶性物质呈胶体悬浮状态,不致进一步形成积炭、涂膜或泥油,清洁剂具有高碱性。

油品的氧化、增稠,油品对所吸附烟炱(直径 $0.5\sim1\mu m$ 的炭黑)的分散能力的下降,就会在发动机内部形成油泥、积碳,并附着在发动机内部及油道管壁,即便更换新的机油,也不能完全排除,因此需要使用发动机清洗剂进行内部清洗。油泥和积碳是造成发动机内部早期磨损的重要原因之一,发动机清洗剂是解决这个问题的最佳途径。清洁剂基本上是由亲油基、极性基和亲水基三部分构成,如图1-2所示,根据溶剂的不同,清洗剂可分为水基清洗剂、半水基清洗剂及非水基清洗剂。因为水具有环保、节能、安全等特点,用水

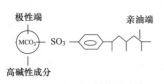

图1-2 清洁剂添加剂结构

做溶剂制备清洗剂越来越受到人们的青睐。早期的水基清洗剂主要为碱性清洁剂,其主要成分是 $NaOH$、Na_2SiO_3、Na_2CO_3、$Na_5P_3O_{10}$ 等,通常用于清洗黑色金属表面的轻度油污和无机盐等污垢,此类清洁剂清洗能力较差,清洗后零件易生锈。随后人们开发出由表面活性剂、助洗剂、添加剂和水复配而成的水基金属清洁剂。半水基清洁剂是指在有机溶剂中加了水与表面活性剂,主要分为易燃溶剂型和不燃溶剂型。半水基清洁剂融合了水基清洁剂可以洗去无机盐积垢等水溶性杂质以及非水基清洁剂高效清除油溶性杂质的优点。但是,此类清洁剂性质不稳定,对储存条件要求高,大大降低了其实用性。非水基清洁剂以烃类(石油类)、氯代烃、氟代烃、溴代烃、醇类等作为清洗主体。

二、分散剂

分散剂是指能够抑制油泥、涂膜和淤渣等物质的沉积，并能使这些沉积物以胶体状态悬浮于油中的化学品。分散剂通过与不溶于润滑油的氧化产物中的羧基、羰基、羟基或硝基相互作用，起到对初期氧化产物在润滑油中溶解的增溶作用，同时又可以与积碳、油泥等形成胶束颗粒后分散在润滑油中。另外，分散剂还可以通过极性端吸附于氧化金属表面上并包围它，而亲油端使之保持溶于油中，进而有效阻止杂质在金属表面的聚集和黏附，如图1-3所示。

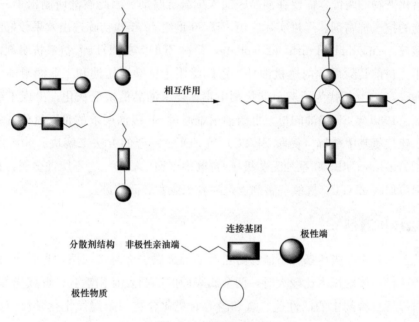

图1-3　分散剂原理图

发动机使用过程中会产生烟炱进入润滑油体系，导致润滑油性能下降，油路阻塞甚至机械部件损坏。分散剂由亲油基（非极性基）、极性基和连接基团三部分组成。亲油基：相对分子质量为500～3000的聚异丁烯（PIB）；连接基：琥珀酸酐、酚和磷酸酯；极性基团：通常是氨或烃类的含氧衍生物，氨基基团是胺的衍生物，通常是碱性的，一般是二乙烯三胺、三乙烯四胺或四乙烯五胺。含氧基团是醇的衍生物，是中性的，一般为多元醇，如季戊四醇。分散剂主要有聚丁烯丁二酰亚胺、聚异丁烯丁二酸酯、苄胺和无灰磷酸酯。

三、抗氧抗腐剂

抗氧抗腐剂是能够抑制油品氧化及保护润滑表面不受水或其他污染物化学侵蚀的化学药品。抗氧机理是抗氧抗腐剂能够在高温条件下发生复杂的化学反应，其产物能捕捉自由基进而终止链式反应的进行，同时还能够分解过氧化物；而抗腐蚀的机理是

9

抗氧抗腐剂分解后产生的硫、磷等化合物可在金属表面与金属反应，从而形成一层保护膜，不仅能够抑制油中的酸性物质对金属的腐蚀，也可抑制金属对氧化反应的催化作用。

抗氧剂中断烃类的链式反应为

$$R \cdot + AH \longrightarrow RH + A \cdot$$
$$ROO \cdot + AH \longrightarrow ROOH + A \cdot$$

伴随着发动机功率的提高，巴比特合金轴承材料暴露了难以承受高负荷、高温的缺陷，开始应用铜-铅（Cu-Pb）、镉-银（Cd-Ag）等硬质合金。但由于这些硬质合金较易受到润滑油氧化产物的腐蚀，需要在油品中加入抗氧抗腐剂，因此逐渐研制出了一些含硫、磷等化合物的抗氧抗腐剂。经过实际应用，于20世纪40年代初筛选出效果较好的二烷基二硫代磷酸锌（Zinc dialkyl dithiophosphate，简称ZDDP或ZDTP）抗氧抗腐剂，并得到广泛的应用。目前其除用于内燃机油外，还广泛用于抗磨液压油和工业润滑油中。为了减少污染和噪声，70年代为了避免催化剂中毒，要求油品低磷低灰化，出现了铜盐和无磷等抗氧剂。1980年SF级油问世，低磷油很难通过SF级油要求的ⅢD氧化试验，曾采取二烷基二硫代氨基甲酸锌（简称ZDTC）与ZDDP复合的方法来解决。90年代，Ciba公司开发了Irgalube ML300系列无灰极压/抗磨剂（EP/AW），它不腐蚀金属，在很多工业润滑油中可取代ZDTP。抗氧抗腐剂也是随着工业发展而前进。

四、极压抗磨剂

极压抗磨剂是指在极压条件下能够防止滑动的金属表面烧结、擦伤和磨损的化学品。其机理是当摩擦面接触压力比较大时，两金属表面的凹凸点互相啮合，形成局部的高压、高温，此时极压抗磨剂中的活性硫、氯和磷等有机化合物与金属发生化学反应，形成剪切强度低的保护膜，把两金属表面隔开，防止金属磨损和烧结。

以含氯极压抗磨剂为例，首先抗磨剂吸附在摩擦副表面，随着接触面载荷的增大和摩擦导致的温度升高，含氯化合物分解或C—Cl键断裂生成HCl，并与摩擦副金属表面反应生成$FeCl_2$保护膜，表现出较好的极压抗磨效果，其过程如下：

$$RCl_x + Fe \longrightarrow RCl_{x-2} + FeCl_2$$
$$或$$
$$RCl_x \longrightarrow RCl_{x-2} + 2HCl$$
$$2HCl + Fe \longrightarrow FeCl_2$$

当金属表面承受很高的负荷时，大量的金属表面直接接触，产生大量的热，而抗磨剂形成的膜也被破坏，不再起保护金属表面的作用。极压抗磨剂是一种重要的润滑脂添加剂，主要品种有有机氯化合物、有机硫化合物、有机磷化合物、有机金属盐和硼酸盐类等五类。在一般情况下，氯类、硫类可提高润滑脂的耐负荷能力，防止金属表面在高负荷条件下发生烧结、卡咬、刮伤；而磷类、有机金属盐类具有较高的抗磨能力，可防止或减少金属表面在中等负荷条件下的磨损。实际应用中，通常将不同种类的极压抗磨剂按一定比例混合使用，可使性能更好。利用一般磷化物具有抗磨性、氯化物与硫化物具有的极压性，使添加剂同时含氯、含磷或含硫化合物，从而既具有极压性，又具有抗磨性。

五、黏度指数改进剂

黏度指数改进剂是指能够改善润滑油黏温性能的化学品。黏度指数改进剂盐一般为油溶性的链状高分子化合物。在不同的温度条件下，添加剂分子通过线卷的伸展和收缩使流体力学体积增大或减小，从而起到改善润滑油黏温性能的作用：在高油温条件下，添加剂分子线卷伸展，流体力学体积增大，使油品分子内摩擦增大，黏度增大；在低温条件下，添加剂分子线卷收缩，流体力学体积减小，使油品分子内摩擦减小，黏度减小，如图1-4所示。

润滑油的黏度随温度变化而变化，这种黏度温变性质是润滑油最重要的特性之一。为了使润滑油能在发动机等温度变化幅度大的场合和在一年四季不同气温下使用，必须在很宽的温度范围内保持其黏度变化在可接受的范围内，为此通常使用黏度指数改进剂。黏度指数改进剂主要有聚甲基丙烯酸酯、乙烯-丙烯共聚物和氢化苯乙烯-双烯共聚物。

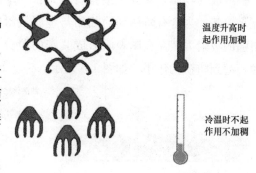

图1-4 黏度指数改进剂原理图

六、油性剂

油性剂是指在边界条件下起增强润滑油润滑性，降低摩擦系数和防止磨损的化学品。其机理是油性剂分子吸附到金属表面上，以定向分子排列通过分子间引力作用形成多分子吸附膜，如图1-5所示。该膜的特点是吸附牢固、抗剪切、耐摩擦、摩擦系数小，但温度高于150℃时，吸附膜被破坏，失去作用。

边界润滑是指物体之间摩擦面上存在一层由润滑剂构成的边界膜时的润滑。液体润滑摩擦阻力小，但必须在润滑油黏度与运动零件的转速、负荷配合适当的条件下才能实现。在负荷增大或黏度、转速降低的情况下，液体油膜将会变薄，当油膜厚度变薄到小于摩擦面微凸体的高度时，两摩擦面较高的微凸体将会直接接触，其余的地方被一到几层分子厚的油膜隔开，这时摩擦系数增大到0.05～0.15，并出现能控制住的有限磨损，这种情况叫作边界润滑。边界润滑时的减磨抗磨作用主要取决于润滑油添加剂与金属摩擦表面形成的边界膜。而针对边界润滑方式，加入油性剂将是减少摩擦的主要和有效的方式。油性剂的主要种类有二聚酯、油脂乙二聚酯、硫化棉籽油、硫化烯烃棉籽油、苯三唑脂肪酸胺酯、磷酸酯和硫磷酸钼。

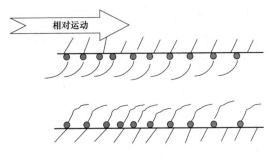

图 1-5　油性剂原理图

七、防锈剂

防锈剂是指在金属表面形成一层薄膜使金属不受氧及水的侵蚀的化学品。防锈剂多是一些极性物质，其分子结构特点是：一端是极性很强的亲水基团，另一端是非极性的疏水烷基；当含有防锈剂的油品与金属接触时，防锈剂分子中的极性基团对金属表面有很强的吸附力，在金属表面形成紧密的单分子或多分子保护层，阻止腐蚀介质与金属接触，起到防锈的作用，如图 1-6 所示。

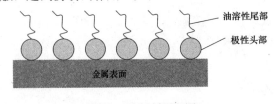

图 1-6　防锈剂原理图

从 20 世纪，特别是 20 世纪 50 年代以来，人们不断对金属生锈问题开展研究，寻找各种有效方法防止金属生锈。在研究的各种防护方法中，防锈剂是防护效果较好、方法简便、成本低廉、适用性强的一种防锈方法。因此，深入研究开发防锈剂产品及其应用技术和缓蚀作用机理，普及和提高人们对防锈剂知识的了解，推广防锈剂技术在工业部门中的应用，可减轻因生锈带来的损失，保护环境资源。防锈剂的防锈产品对于国民经济可持续发展，都具有十分重大的意义。作为添加剂的防锈剂，必须对金属有充分的吸附性和对油的溶解性，因此防锈剂均由很强的极性基和适当的亲油基组成。目前使用较广、效果较好的有以下几类：磺酸盐（磺酸钙、磺酸钠和磺酸钡）、羧酸及其盐类（十二烯基丁二酸、环烷酸锌、N-油酰肌氨酸十八胺盐）、有机磷酸盐类、咪唑啉盐、酯型防锈剂（羊毛脂及羊毛脂皂、司苯-60 或 80、氧化石油脂）、杂环化合物（苯并三氮唑）、有机胺类等。水溶性防锈剂主要有亚硝酸钠、重铬酸钾、磷酸三钠、磷酸氢二铵、苯甲酸钠、三乙醇胺等。

八、降凝剂

降凝剂是指能够降低润滑油凝点或倾点，改善油品性能的化学品。降凝剂降低凝点主要是通过两种方式：一是添加剂通过吸附作用吸附在蜡结晶表面上，阻碍蜡结晶的增长；二是添加剂分子通过分子上的烷基侧链与蜡进行共结晶，使其生成均匀松散的晶粒，从而延缓或阻止三维网状结晶的生成，如图 1-7 所示。

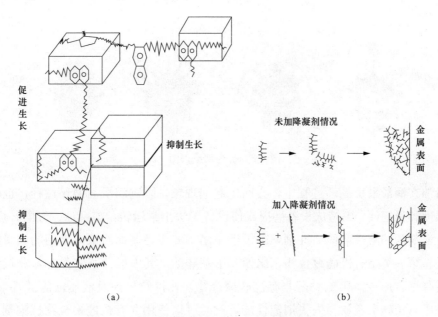

图 1-7　降凝剂对蜡晶生长的影响

（a）降凝剂对蜡晶生长方向的影响；（b）降凝剂抑制蜡晶生长的情况

　　润滑油产品通常要在很低的环境温度下使用，特别是在冬季及冷车状态下，因此要求使用的润滑油具有良好的低温流动性能，这样不仅有利于机器的正常启动运行，还可以降低机器启动过程中的磨损。目前使用的润滑油主要是以矿物油作为基础油进行调制的，矿物基础油即以石油馏分经精制加工获得的基础油，石油中通常都含有一定的蜡。在低温状态下油中的蜡会析出形成结晶，并结构呈松散杂乱的三维结晶网，油分被这种松散杂乱的三维结晶网包裹有碍其流动，甚至"凝固"。降凝剂为油溶性聚合物或缩合的高分子化合物，最早的商品名为 Paraflow 的长链烷基萘，以后相继出现长链烷基酚，聚甲基丙烯酸酯及聚 α 烯烃。三种降凝剂中除聚 α 烯烃外其余都是表面活性剂，它们的分子结构均为两部分组成，一部分为活性基团，如芳香基、酚基及酯等，另一部分为与石蜡具有相同结构的长链烷基。烷基的长度要足够，带有活性基团和链状烷基的物质才能起到表面活性剂的作用，在体系中才能起到定向吸附的作用；另外，链状烷基的长度最好同润滑油中所含石蜡长度相同，才能更好地发挥作用，相似相溶是溶液作用的基本定理，二者越相似越容易产生吸附及共晶等作用。由于润滑油中的蜡不是纯净化合物，而是复杂的混合物，因此要求降凝剂中长链烷基的分子量要与润滑油中所含蜡的平均分子量相近，才能更好地发挥降凝效果。

九、抗泡剂

　　抗泡剂是能够抑制或消除油品在应用过程中产生泡沫的化学品。抗泡剂通过吸附在泡沫膜上的添加剂分子，使泡沫的局部表面张力显著降低，从而使泡沫膜因受力不均匀而破裂，如图 1-8 所示。

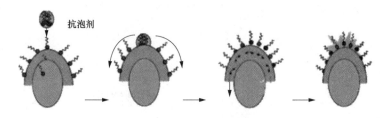

抗泡剂

图 1-8　抗泡剂原理图

润滑油在润滑系统循环过程中，会产生起泡现象，影响润滑油循环过程，也破坏了油膜的强度和稳定性，易造成设备磨损或使设备无法正常运转，如断油、气阻、烧结等。润滑油抗泡剂为油溶性表面活性剂，由极性基团和非极性基团组成。常用的润滑油抗泡剂有三类。第一类是有机硅聚合物，比如二甲基硅油，其中极性基团为 Si，非极性基团则是由烷基聚合而成。第二类是非有机硅聚合物，在汽轮机油及液压油等酸性油品中，长时间使用有机硅聚合物会失去消泡性能，此时可以使用非有机硅聚合物抗泡剂。丙烯酸酯和烷基丙烯酸共聚物是应用最多的非有机硅聚合物抗泡剂。与有机硅类抗泡剂相比，非有机硅抗泡剂能有效地改善油品的空气释放性，主要原因在于其作用机理为部分替代原气泡膜中的表面活性剂，从而改变膜层分子间引力，使膜强度或韧性降低使泡沫的稳定性下降，达到消泡的目的，所以油品中的空气能以气泡形式放出，具有良好的空气释放性。第三类是复合抗泡剂，当以上两类抗泡剂单独使用时无法满足油品性能需求时使用，可以发挥各自优点，满足油品使用性能。

十、抗乳化剂

抗乳化剂是能加速油水分离或使乳化液完全分离成水和油的化学品，是提高润滑油抗水能力的添加剂。这是由于抗乳化剂为水包油型表面活性物质，抗乳化剂分子吸附在油-水界面上，通过改变界面表面张力或者通过破坏乳化剂亲水亲油平衡值，使乳化液从油包水型转为水包油型，在此过程中使油水分离开来，如图 1-9 所示。

造成润滑油乳化的原因有四个：①为了保证润滑油有很好的使用性能，会在润滑油基础油中加入油品添加剂来改善油品的氧化安定性、防锈性、极压抗磨性等性质，这些添加剂大多属表面活性剂，会对油水表面张力产生影响，改变油品的乳化性；②油品的乳化性与基础油的精制深度有关，精制越深，油品乳化性越好；③油品的黏度越大，对分散相液滴运动的阻滞作用也越大，液滴就更难聚集，这也是润滑油抗乳化性差的原因；④润滑油在使用过程中不可避免地要混进水等一些杂质，直接影响油品抗乳化性。

抗乳化剂必须具备三个条件才会具有较好的抗乳化性：①要有较好的界面活性，即

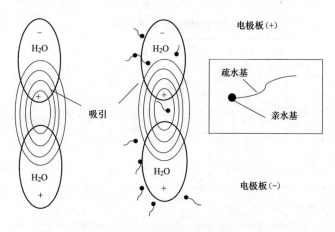

图 1-9　抗乳化剂原理图

可以增加油水界面张力；②可部分替换吸附在油水界面上的成膜物质，削弱吸附膜强度；③要有好的油溶性，在使用过程中不易被水带走。

目前相关报道中出现的润滑油抗乳化剂有环氧丙烷二胺缩聚物、高分子聚醚及改性高分子聚醚、乙二醇酯及乙二醇醚、复配抗乳化剂和其他类型，而国内外商品化的抗乳化剂有环氧丙烷二胺缩聚物、聚环氧乙烷/环氧丙烷嵌段聚合物，聚环氧乙烷/环氧丙烷嵌段聚合物属于高分子聚醚类抗乳化剂。

常见润滑添加剂的类别、用途和基础化合物见表1-6，不同润滑油所需添加剂见表1-7。

表 1-6　　　　　常见润滑油添加剂的类别、用途和典型化合物及其代号

序号	类别	应用范围	典型化合物	代号	添加剂元素
1	清洁剂	内燃机油	磺酸钙或磺酸镁、丁二酰亚胺、硫磷酸钡、硫化烷基酚钙、环烷酸钙	T102、T105、T108、T109、T114、T115、T152、T154	钙、镁、钡
2	分散剂				
3	抗氧抗腐剂	工业用油、内燃机油	二烷基二硫代磷酸锌	T202、T203	锌、磷
4	极压抗磨剂	工业用油	氯化石蜡、磷酸酯、硫化有机化合物、环烷酸铅、硼酸酯	T301、T304、T321、T308、T361	铅、硼、磷
5	黏度指数改进剂	工业用油、内燃机油	聚异丁烯、乙丙共聚物、苯乙烯聚戊二烯聚合物、聚甲基丙烯酸酯	T601、T603、T604	—
6	油性剂	工业用油、内燃机油	脂肪酸及脂肪酸酯、硫化动植物油、硼酸酯、硫磷酸钼或钼钨盐	T401、T402、T404、T405、T406	硼、钼、钨、磷
7	防锈剂	工业用油	磺酸钙、磺酸钡、磺酸钠、烯基丁二酸、环烷酸锌	T701、T702、T746、T705	钙、钡、锌、钠
8	降凝剂	内燃机油	烷基萘、聚乙烯酸酯、α烯烃共聚物	T801、T802、T803	—
9	抗泡剂	内燃机油	甲基硅油、丙烯酸酯与醚共聚物	T901、T902	硅
10	抗乳化剂	工业用油	烷撑二胺四聚氧丙撑衍生物和聚环氧乙烷/环氧丙烷共聚物	T001，DL32	—

表 1-7　　　　　　　　　　　　不同润滑油所需添加剂

项目	清洁剂	分散剂	抗氧抗腐剂	抗氧剂	油性剂	极压剂	防锈剂	黏度指数改进剂	抗泡剂	降凝剂	乳化剂	抗乳化剂	防锈剂	pH剂	杀菌剂	耦合剂	光亮剂
内燃机油	√	√	√	√	√			√	√	√							
齿轮油				√	√	√	√	√	√	√		√					
液压油				√	√	√	√	√	√	√		√					
自动传动液	√	√		√	√	√	√	√	√	√							
金属加工液				√	√	√	√			√	√	√	√	√	√	√	
压缩机油				√	√		√	√		√							
汽轮机油				√	√		√		√	√							
轴承油				√	√		√	√	√	√							
热处理油				√			√	√	√	√							√
机床用油				√	√		√	√	√	√							

02 第二章
摩 擦 学 基 础

1966 年，英国学者 H. P. Jost 在《关于英国润滑教育与研究的现状和工业需要的报告》中，首次提出了"摩擦学"这一概念。由于报告中明确指出，加强摩擦学的科研与教育可以极大地节约英国工业的资金费用，受到了世界各国广泛的关注，由此新兴学科"摩擦学"应运而生。

摩擦学是研究做相对运动的相互作用表面间的摩擦、磨损和润滑，以及三者间有关的理论和实践的一门学科。摩擦普遍存在于生产和生活中，因此摩擦学的应用领域十分广泛。可见，摩擦学是一门涉及多学科的边缘学科。

据不完全统计，世界上能量的 1/3～1/2 消耗于摩擦，摩擦过程中伴随一系列物理、化学和力学的变化将导致磨损。因摩擦导致的磨损是造成机械设备失效的主要原因。深入研究摩擦学的内容，不仅可以指导生产实践，而且可以降低能量消耗，进而达到节约生产成本、提高生产效率的目的。

第一节 相对运动中相互作用表面的特性

摩擦学研究的是做相对运动中相互作用表面间发生的一系列变化，物体的表面特性将直接影响摩擦和磨损。因此，研究相对运动中相互作用表面的特性是摩擦学的研究基础。

一、表面形貌

任何摩擦副的表面，即使经过精加工，在微观下观察也并非平面如镜，反而呈现出凹凸不平之状，如图 2-1 所示。表面形貌是摩擦副表面的微观几何形态和性质的数学描述。表面形貌会直接影响到摩擦副表面的相互作用，是摩擦副表面的重要特征。

描述表面形貌特征的主要参量包括表面形状误差、波纹度和表面粗糙度及表面纹理。近年来，在关于摩擦学的研究表明，摩擦副的表面形貌会影响表面润滑与摩擦性能。因此，采用合适的方法对表面形貌进行表征，将有助于深入研究材料的摩擦磨损等问题。

目前，对摩擦副表面形貌的表征方法主要有以下三类：参数表征、分形表征和 Motif 表征。

1. 参数表征

参数表征就是通过测量得到表面数据，采用参数对表面形貌进行定量描述。工程上表面形貌表征的核心内容是表面粗糙度，国标中从三个方面对表面粗糙度的参数术语进行了规定：①关于微观不平度高度特性的参数（11 个）；②关于微观不平度间距特性的参数（9 个）；③关于微观不平度性形状特性的参数（7 个）。三维表面粗糙度参数的评定首先需要选定一个基准面，它除了具有几何表面的形状和方位，还要与实际平面在空间上的走向一致和可用数学方法确定。

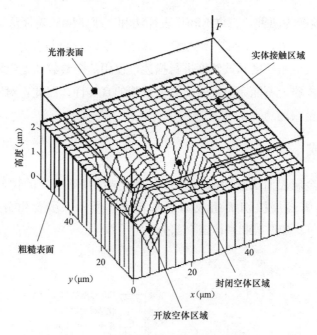

图 2-1　相互作用表面接触界面示意图

　　然而，这些参数是在一定的测量条件下得到的统计学表征参数，它们与仪器的分辨率和取样尺度密切相关，不具有唯一性，不能表征整体的表面形貌。因此，依据这些参数建立起来的研究模型与实际情况存在差异。

　　2. 分形表征

　　分形几何表征法是解决上述问题的一种有效方法。20 世纪 70 年代，R. S. Sayles 等人就发现加工表面形貌具有分形特性，微观表面形貌是不规则的，表面具有非平稳的随机性，无序性和多尺度性，具有连续性和自放射性的数学特性。

　　分形维数是表征表面分形特征的重要参数。分形维数主要反映出两方面的信息：表面中复杂结构的数量及其细微程度；表面中细微结构的占比。分形维数与表征参数相比一个最显著的优点是具有唯一性，不依赖于仪器分辨率和取样尺度。因此，用分形参数表征表面形貌具有稳定性。

　　但是，并非所有的表面都具有分形特性。因此，在表征表面形貌之前应确定其是否具有分形特性，然后再求其分形维数。目前，分形维数的计算法主要有尺码法、盒维数法、方差法、功率谱法，结构函数法和协方差法等。通过对比和分析这些计算方法得到的分形维数中，结构函数法计算得到分形维数的稳定性和准确性较高。

　　3. Motif 表征

　　Motif 的概念最早出现在法国汽车工业的标准中，用于表征表面轮廓的结构。Motif 法是从表面原始信息出发，通过设定不同的阈值将波度和表面粗糙度分离开来，强调大的轮廓峰和谷对功能的影响，在评定中选取了重要的轮廓特征，而忽略了不重要的特征，其参数是基于 Motif 的深度和间隔产生的。

Motif 表征目前分为两种：二维 Motif 表征法和三维 Motif 表征法。二维 Motif 表征法是比较成熟的表征方法，实现了二维粗糙度和波纹度的分离与合并。然而，二维 Motif 表征法以图形的方式对粗糙度和波纹度进行描述，仅用 7 个参数和上包络线即可对表面性能进行评价，它从本质上不能完全反映出表面形貌的真实性。因此，对三维 Motif 表征法的研究也日渐深入。

二、表面组成

从微观来看，金属表面层是凹凸不平的，每一层都具有一定的物理化学性质，具有不稳定性。实际金属表层横切面组成示意如图 2-2 所示，主要由外表面层、毕氏层（图 2-2 中是贝氏层）、变形层和基体四个部分。

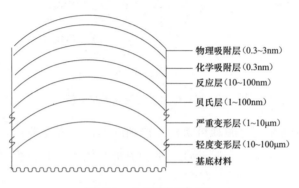

图 2-2　金属的表层结构

其中，外表面层包括表面吸附层和氧化膜层。表面吸附层是润滑油中的极性分子由于物理吸附和化学吸附作用在金属表面所形成的分子层，它的存在起到了很好的减摩作用。然而，在一些极端的条件下，如高温、高压，会造成分子吸附膜的脱吸。从而造成摩擦副的严重磨损。氧化膜层是金属表面暴露在空气中与氧气发生化学吸附作用而形成金属氧化物膜。如铁的氧化膜，从外向内依次为 Fe_2O_3、Fe_3O_4、FeO。氧化膜的强度随着膜厚度的增加而下降。

毕氏层是在零件加工过程中由于金属表面融化和表面分子层的流动及表面分子层冷却而产生的微晶层。毕氏层厚度一般在 $1\mu m$ 左右。

变形层有重变形层和轻变形层之分。变形层是发生磨损的主要层面，主要是由于金属零部件削切过程中和摩擦表面做相对运动时的各种相互作用的合力引起表层的严重变形。

基体是构成摩擦副的金属材料基体。通常条件下，基体与摩擦副的摩擦、润滑、磨损过程无关。

三、摩擦副润滑状态

在实际工程中，做相对运动的摩擦副表面是通过润滑剂分隔的。摩擦副表面的润滑状态与摩擦副的磨损和使用寿命密切相关。同时，改善摩擦副的润滑状态有利于节能。

在摩擦副运行过程中会经历各种不同的润滑状态，根据润滑油膜形成的原因和特点，润滑状态大致分为流体动压润滑、液体静压润滑、弹性流体动压润滑、薄膜润滑、混合润滑、边界润滑等。各润滑状态的特征总结见表 2-1。

表 2-1   各润滑状态的基本特征

润滑状态	典型膜厚	润滑膜成形原因	应用
流体动压润滑	$1\sim100\mu m$	摩擦表面相对运动产生的动压效应	中高速下的面接触摩擦副，如滑动轴承
液体静压润滑	$1\sim100\mu m$	通过外部压力将流体送入摩擦表面之间	各种速度下的面接触摩擦副，如滑动轴承、导轨等
弹性流体动压润滑	$0.1\sim1\mu m$	与流体动压润滑相同	中高速下点线接触的摩擦副，如齿轮、滚动轴承等
薄膜润滑	$10\sim100nm$	与流体动压润滑相同	低速下的点线接触高精度摩擦副，如精密滚动轴承等
边界润滑	$1\sim50nm$	润滑油分子与金属表面产生物理或化学作用	低速重载条件下的高精度摩擦副

目前，最常用的是通过润滑油厚度来判断润滑状态，引入膜厚比 λ，即摩擦副接触处油膜厚度与其表面粗糙度的相对比值，其计算式如下

$$\lambda = \frac{h_{\min}}{\sqrt{\sigma_1^2 + \sigma_2^2}} \tag{2-1}$$

式中 $h_{\min}$——摩擦副表面之间的最小油膜厚度，即摩擦副两表面中心线间的距离；

σ_1，σ_2——摩擦副两个表面的粗糙度，即摩擦副两表面中心线的平均值。

理论和实践表明：①当 $\lambda\leqslant1$ 时，处于边界润滑状态，即干摩擦和流体摩擦的边界状态。此时，摩擦和磨损取决于接触表面和润滑剂除黏度外的特性，且摩擦系数很大，金属表面为直接接触，因此会发生很严重的磨损。②当 $1<\lambda<3$ 时，处于弹性流体润滑（EHL）状态，属于薄油膜润滑或混合润滑。此时，摩擦系数急剧减小，会产生各种磨损。此状态是大多数摩擦副的工作状态。③当 $\lambda\geqslant3$ 时，处于流体润滑状态，此时油膜的连续百分比接近于 100%，属于厚油膜润滑。此时，摩擦副两表面被润滑剂完全隔离，摩擦系数和磨损率均维持在较低的水平上。

润滑油膜厚度是保证摩擦副工作可靠稳定性的主要参数，也是表征润滑状态的重要参数。国内外关于油膜厚度的研究层出不穷，提出许多的测量方法。最常用的几种测量方法主要有光干涉法、声发射法、电容法和接触电阻法。

四、表面的接触

实际生产中完全光滑的理想表面是不存在的。当摩擦副两表面相互接触时，不是整个平面都接触，而是在摩擦副表面的个别地方接触，接触面呈离散分布。这些接触面积的总和构成实际接触面积。实际接触面积直接决定摩擦力的大小，磨损只发生在实际接

触面积。可见，固体表面的接触是研究摩擦副表面磨损过程与机理的重要基础。

两个粗糙表面在载荷影响下接触时，首先接触的部位是两个表面微凸体高度之和最大值处；随着载荷的增大，其他成对的微凸体也相应地接触。每一对微凸体开始接触时，初始是弹性形变，当载荷超过某一临界值时，则发生塑性变形。材料的基体是弹性接触，基体上微凸体则处于塑性形变。

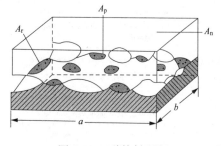

图 2-3　三种接触面积

接触面积有名义接触面积 A_n、轮廓接触面积 A_p 和真实接触面积 A_r 三种，如图 2-3 所示。名义接触面积是接触表面的宏观面积，由接触物的外部尺寸决定；轮廓接触面积是接触表面在波纹度的波峰上形成的接触面积，由载荷和表面几何形状决定，约占名义接触面积的 5%～15%；真实接触面积是实际接触面积的总和，两接触体通过各微凸体直接传递接触面相互作用力，发生形变而产生的微接触面积之和，约占名义接触面积的 0.01%～0.1%。真实接触面积对磨损的分析计算影响最大。接触微凸体的简化模型主要有球形、圆柱形和圆锥形三种。

在实际工程中，常会遇到摩擦副两个接触面是曲面，如齿轮传动、凸轮等。在求解这类问题的接触面积时，需要求解接触面的压力分布和接触区域的应力分布。Hertz 接触理论通过数学弹性力学方法，为实际接触面积的求解提供依据。Hertz 接触理论成立的三个假设条件是：接触面是连续光滑、理想光滑的；材料是均匀的，各向同性且完全弹性；接触面的摩擦力可忽略不计。通过三个表达式联合求解，即可求得各种接触问题的公式。三个表达式分别是：变形方程——两接触体的变形符合变形的连续条件；物理方程——Hertz 假设接触表面的压力分布为半椭圆体；静力平衡方程—由接触表面压应力分布规律，得到接触表面接触压力组成的合力等同于外加载荷。

第二节　摩擦、磨损、润滑基本概念及分类

一、摩擦的基本概念、分类及其影响因素

两个相互接触的固体，在外力的作用下做相对运动或具有相对运动趋势时，在两个表面之间产生切向阻力的现象，被称为摩擦。这种阻力被称为摩擦力。摩擦的分类方法有很多，常见的有三种。根据摩擦副的相对运动状态，摩擦可分为静摩擦（一个物体沿另一个物体表面有相对运动趋势时产生的摩擦）和动摩擦（一个物体沿另一个物体表面有宏观相对运动时产生的摩擦）；根据摩擦副的运动形式，摩擦可分为滑动摩擦（物体接触表面有相对滑动或具有相对运动趋势时的摩擦）和滚动摩擦（物体在力矩作用下沿另一个物体表面滚动时接触表面的摩擦）；根据摩擦副两表面间的润滑状况，摩擦可分为干

摩擦（摩擦表面没有润滑剂存在下的摩擦）、流体摩擦（相对运动的两物体表面完全被流体隔开时的摩擦，流体可以是液体、气体或融化的其他材料）、边界摩擦（两接触表面间有一层松弛的润滑膜存在时的摩擦，即处于干摩擦和流体摩擦的边界状态）和混合摩擦（只属于过渡状态的摩擦，如半干摩擦和半流体摩擦）。

研究表明，影响摩擦的因素较多，主要有以下几个：

（1）滑动速度的影响：有研究表明，滑动速度对摩擦系数的影响与法向载荷有关，但目前还无定论。

（2）温度的影响：当摩擦副相互影响时，温度的变化将导致表面材料的性质改变，进而影响摩擦系数，一般情况下，大多数金属的摩擦系数均随着温度的上升而减小。

（3）材质的影响：金属摩擦副的摩擦系数，与材料的性质密切相关。一般情况下，相同金属的摩擦副，其间的摩擦系数因二者易发生黏着而较大，不同金属的摩擦副，其间的摩擦系数因二者不易发生黏着而较小。

（4）表面粗糙度：在干燥粗糙的表面接触时，表面粗糙度对摩擦系数会产生一定的影响；对于边界摩擦，摩擦副间的摩擦系数将随着粗糙度的降低而相应的变小。

（5）表面膜：摩擦副表面总会伴随着一系列物理和化学反应，会形成诸如氧化膜、化学反应膜和吸附气体膜等，这些表面膜对摩擦副将产生显著的影响；一般情况下，表面膜的机械强度较低，在摩擦过程中，极其容易被破坏，摩擦副表面不易发生黏着，进而导致摩擦系数的降低。

二、磨损的基本概念、分类及减小磨损的途径

磨损是伴随摩擦产生的必然结果，它发生在做相对运动的两接触表面上，表层上的物质不断损失的现象。当两个摩擦副相互接触时，表面上的微凸体首先发生接触，当二者发生相对滑动时，接触点的结合受到破坏，接触点结合不断形成又不断受到破坏的过程中，发生一系列的机械作用、摩擦产生的热作用及与周围介质发生物理或化学作用，使得摩擦副表面材料发生变化，诸如形变、氧化、强度降低等现象，最终导致摩擦副表面的损坏和材料的脱落。

试验结果表明，磨损过程大致分为三个阶段：跑合阶段、稳定磨损阶段和急剧磨损阶段，如图 2-4 所示。①跑合阶段 a 区（0—A），由于新的摩擦副开始接触时实际接触面积很小，在载荷作用下立即产生很快的磨损；经过一定时间的磨合，表面逐渐磨平，实际接触面积逐渐增大，磨损速度减慢，逐渐过渡到稳定磨损阶段。②稳定磨损阶段 b 区（A—B），属于机器正常运转的稳定磨损过程，磨损率比较稳定。零件要获得较高的使用寿命，应尽可能使该阶段磨损率最低，并使该阶段尽量延长。③急剧磨损阶段 c 区（B—C），正常磨损达到一定时期，或者由于偶然的外来因素（磨粒进入、载荷条件变化、咬死等），零件尺寸变化较大，产生严重塑性变形，以及材料表面品质发生变化等，在短时期内使摩擦系数和磨损率增大，造成零件很快失效或破坏。

23

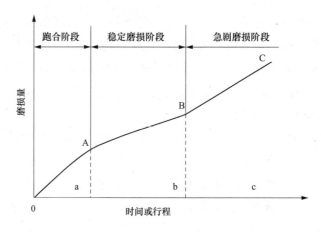

图 2-4 典型的磨损过程

从这三个阶段来看，机械零部件的正常运转是在稳定磨损阶段。因此，只有尽量延长稳定磨损阶段，才能提高机械零部件的使用寿命。

根据相对运动的类型，磨损可以分为滑动磨损、滚动磨损、冲击磨损和微动磨损；根据磨损的过程，磨损可以分为跑合磨损、稳定磨损（或正常磨损）和异常磨损三个阶段；根据磨损机理，分为黏着磨损、磨粒磨损、腐蚀磨损、冲蚀磨损、接触疲劳磨损和微动磨损。

磨损是很多因素相互作用与相互影响的复杂过程。磨损的分类一般主要考虑表面的作用、表层的变化和破坏的形式三方面。磨损是在多种因素相互作用下发生，下面对影响磨损的一些主要因素进行简要介绍。

（1）外界机械作用。外界的机械作用主要包括三个方面：①摩擦类型；②摩擦副表面的相对移动速度；③摩擦时载荷的大小和特性。磨损过程及磨损类型的变化，与摩擦类型密切相关。滑动摩擦时，摩擦副表面的相对移动速度的变化将导致表面结构和相的状态的改变。载荷的大小影响着摩擦副表面的实际接触面积的大小，直接影响摩擦和磨损过程表面厚度及磨损的进程。

（2）摩擦副材质。黏着磨损发生主要是因为摩擦副表面发生的黏着作用，当摩擦副表面材质的黏着倾向较大时，磨损增大。磨粒磨损，一般情况下，摩擦副材质硬度越高，耐磨性越好。对于疲劳磨损，摩擦副的磨损与材料的弹性模量密切相关，一般情况下，磨损程度随着弹性模量的增加而增大，材料的强度也影响材料的磨损。

（3）环境介质。金属变形层中氧的扩散是影响磨损的重要因素。在有氧的环境中，金属表面在摩擦时，由于只有氧化层磨损，因此磨损较小，磨损产物是各种金属氧层化物；在无氧的环境中，会产生黏着磨损和热磨损，磨损产物是各种尺寸的金属微粒。外界气体介质对摩擦表面的温度有较大影响。

（4）温度。摩擦副表面的温度对磨损的影响主要有以下三个方面。①温度改变摩擦副材料的性能，主要是硬度方面；②温度改变摩擦表面污染的形态，通常条件下，大多数摩擦副表面都覆盖有氧气膜，温度对氧气膜的形成将产生显著的影响；③温度改变润滑剂的性能，温度升高将导致润滑剂的变质，直接降低润滑效果。

（5）表面质量与接触状态。表面质量是评价一种或几种加工方法所得到零件表面几何、物理和化学性能的指标。表面质量对金属零件摩擦学性能具有显著影响。

零件磨损的三个阶段，可以看出每个阶段的磨损状况都与表面粗糙度的变化有关。一般来说，有润滑剂的存在下，抗黏着磨损的能力随着表面粗糙度的降低而增大。无润滑剂条件下，黏着磨损会随着表面粗糙度的降低而增强。

摩擦副表面接触区，分子的相互作用对黏着磨损有较大影响。摩擦副接触表面在无润滑、完全清洁条件下，表面粗糙度过高或过低都会使黏着磨损增大。

实践经验表明，从以下几个方面可以分析减小磨损的有效途径：

（1）材料选择。摩擦副材料的选择直接关系到机械零件的耐磨性能。实际操作中，要根据不同的磨损类型来具体考虑摩擦副的选材。黏着磨损为主的情况下，考虑塑性材料比脆性材料易发生黏着磨损；互溶性较大的金属材料，黏着倾向大；多相金属比单相金属黏着倾向小，金属与非金属材料组成的摩擦副黏着倾向小。磨粒磨损，一般通过提高材料的硬度增强其耐磨性。对于疲劳磨损，要求材质好，固溶体含量要适中，其中有害的非金属夹杂物含量也要控制好。

（2）润滑。实践证明，在摩擦副间采用液体润滑剂，可以有效减少摩擦与磨损。同时，润滑剂的黏度适当提高，可以使得接触部分压力接近平均分布，可以有效提高抗疲劳磨损的能力。此外，要严格控制润滑油中的含水量，含水量过多会加速疲劳磨损。

（3）表面处理技术。通过物理或化学等方法，改善材料表面的成分、组织结构和性能，不仅可以提高其耐磨性能，而且可以延长其使用寿命。表面处理技术按照工艺过程特点分为表面及化学热反应、电镀及电沉积、堆焊剂热喷涂、高能密度处理、气相沉积及其他六类。

（4）结构设计。摩擦副正确的结构设计是减少磨损和提高耐磨性的重要条件。结构设计要有利于考虑摩擦副间表面保护膜形成和恢复、压力的均匀分布、摩擦热的散失和磨屑的排出及防止灰尘和磨粒进入等因素。同时，结构设计还可以应用置换原理和转移原理，置换原理是允许系统中一个零件磨损以保护另一个更重要的零件；转移原理是使摩擦副中另一个零件快速磨损而保护较重要的零件。

（5）使用保养。机械零件正确的使用和保养与机器的使用寿命长短休戚相关。正确的使用和好的保养，是保证机器使用寿命的必要条件。

三、润滑的基本概念及其分类

润滑是在摩擦副两表面形成具有法向承载力而切向剪切力较低的润滑油膜，以此达到减少磨损和降低能量损耗的目的。润滑是降低摩擦和控制磨损的有效措施之一。按几何形状、材料及油膜厚度，可分为边界润滑、混合润滑和流体润滑三种主要的润滑状态。

流体润滑状态下，摩擦副表面被润滑剂完全分隔开。

边界润滑是一种综合的复杂现象，它涉及表面粗糙度、物理吸附、化学吸附、反应时间等因素。边界润滑最重要的特征是在摩擦副表面上生产表面膜，使得两个摩擦副表面的损失降低。表面膜的形成与润滑剂和摩擦副表面物理、化学特性相关，它由物理吸附的长链分子、化学吸附的皂类、沉积固体及层状固体等组成。油膜的物理化学性能（如厚度、剪切强度或硬度等）决定了边界润滑的有效性，环境介质也会影响膜的形成。此外，摩擦副表面做相对运动时的工况（如速度、载荷大小和性质等）对边界润滑有显著影响。当边界润滑膜能够起到很好的润滑作用时，摩擦系数取决于边界膜内部的剪切强度，摩擦系数会有所减小。当边界润滑膜的润滑效果较差时，摩擦系数会增大，导致磨损增大。当摩擦副表面处于边界润滑状态下，摩擦副的摩擦特性依赖于边界润滑剂的作用。

润滑剂与金属表面之间产生保护性边界膜的机理有以下三种。

（1）形成物理吸附膜。物理吸附是可逆的，通常形成单分子层或多分子层，分子之间的结合力较弱。极性分子尤其是长链烃的分子垂直定向吸附在固体表面，吸附分子间因内聚力而结合的很紧，极性添加剂在固体表面凝聚形成一层薄膜，如图 2-5 所示。

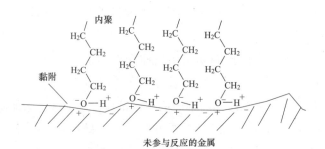

图 2-5　物理吸附膜

（2）形成化学吸附膜。当长链烃的极性基吸附在活性金属的表面上时，极性基与金属表面起化学反应，即由范德华力形成化学吸附膜，如图 2-6 所示。吸附过程较慢，温度升高时，其吸附速率也随着加快。

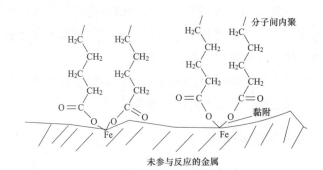

图 2-6　化学吸附膜

（3）形成化学反应膜。化学反应膜的生成与作用机理有两类（见图 2-7）：一类是金属化合物中所含硫、磷等活性元素与金属表面反应，只能在200℃以下工作，否则就会失效；另一类是添加剂在高温下分解产生的活性物质，与金属形成化学反应膜，此类添加剂只有达到一定温度才起作用。可见，化学反应膜适用于重载荷、高温和高速滑动的工况，与此同时必须采用使表面只有在最适宜工况下产生的化学反应的润滑剂，以免加速摩擦时的腐蚀磨损过程。

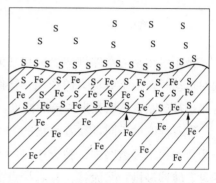

图 2-7 化学反应膜

流体润滑分为流体动压润滑和流体静压润滑。雷诺（Reynolds）方程为流体动压润滑理论奠定了理论基础。它适用于中等载荷以下的平面摩擦副。在重载接触情况下，载荷急剧增加，高压使得润滑剂黏度增加，油膜厚度增厚，接触体发生弹性形变。此时，雷诺方程不适用。考虑接触面的弹性形变和压黏变化对流体动压润滑的影响被称为弹性流体动压润滑（EHL）。弹性流体动压润滑是一种十分接近实际的典型润滑方式，对它及其相关的研究一直在进行。

润滑剂的性能与机械零件的摩擦学状态直接相关。其种类繁多，有润滑油、润滑脂、固体润滑剂、合成润滑材料等几种。润滑油的使用范围最广，约占润滑剂材料的90%以上。润滑油是以石油馏分为原料，为了达到某种特定的性能，加入适当的添加剂来提高其质量，以便得到更广泛的应用的润滑剂。添加剂的种类从作用上主要分为两大类：用来改善润滑油的物理性能和用来改善润滑油的化学性能。这些添加剂主要有清洁分散剂、抗氧腐蚀剂、抗压抗磨剂、油性剂和摩擦改进剂、黏度指数改进剂、防锈剂和抗泡剂等。润滑油的常规理化性能有密度和相对密度、颜色、黏度、闪点和燃点、凝点和倾点、水分、酸值、抗泡性和空气释放性和氧化安定性等。

润滑脂是一种凝胶状的半固体产品，它是在高温下通过加入基础油液、稠化剂和添加剂混合而成的。润滑脂的常见的种类有钙基润滑脂、钠基润滑脂、铝基润滑脂、锂基润滑脂、钡基润滑脂等。润滑脂的常规理化性能有外观、滴点、锥入度、水分、灰分、皂分、腐蚀和氧化安定性等。

固体润滑剂主要用在特殊、严酷工况条件下，利用固体粉末、薄膜来减少承载表面间的摩擦和磨损，避免相对运动表面受到损伤。常用的固体润滑剂有二硫化钼、石墨、氟化石墨、氮化硼和聚四氟乙烯。

第三节　磨　损　机　理

磨损是造成机械零件失效的主要原因之一，因此研究磨损并掌握其机理，可以极大地降低因磨损而造成的生产损失，降低生产成本。考虑到多种因素对磨损的影响，通常将磨损机理分为黏着磨损、磨粒磨损、表面疲劳磨损、腐蚀磨损和微动磨损五种。

一、黏着磨损

做相对运动的摩擦副两表面接触时，由于两个表面上的微凸体，发生点接触。在做相对运动时，由于剪切力的作用，接触点发生塑性变形而形成黏着接点，发生磨损。黏着接点被剪断，然后又形成新的接点，新接点又被剪断，如此循环往复，形成黏着磨损。

黏着程度的不同，黏着磨损的类型也不同。根据零件表面的损坏程度，将黏着磨损分为六类。①轻微磨损：黏着接点的剪切破坏发生在黏着面，摩擦系数较大，表面材料的黏着转移轻微；②涂抹：黏着接点的剪切发生在离黏着面不远的软金属浅层内，使得表面材料的黏着转移至另一个表面上；③擦伤：剪切破坏发生在软金属的亚表层内，金属表面在沿滑动方向有划痕；④划伤：剪切发生在金属基体，金属表面在沿滑动方向有严重的划痕；⑤胶合：剪切发生在金属基体的较深处，金属表面局部发生固相焊合；⑥咬死：摩擦副两表面间的黏着面积较大，二者的相对运动停止。

影响黏着磨损的因素主要有载荷、滑动速度、温度、材料性能、表面粗糙度及表面膜。摩擦表面的滑动速度、载荷，以及表面温度与黏着磨损是直接相关的，因此选用稳定性恰当的零件材料、润滑材料、润滑方法及加强冷却措施，是防止产生黏着磨损的有效手段。

二、磨粒磨损

磨粒磨损是在摩擦副两表面做相对运动时，由于具有一定几何形状的硬质颗粒或硬凸起与两表面相互作用，造成摩擦表面的脱落。磨粒磨损是磨粒本身的性质而非外界的机械作用。这一点是区别磨料磨损的重要特征。据统计，在实际生产中，由于磨粒磨损造成的损失占工业范围内磨损损失的一半。

按照磨损体的相互位置，可以将磨粒磨损分为二体磨粒磨损和三体磨粒磨损。二体磨粒磨损是指磨粒对金属表面进行的微量切削过程；三体磨粒磨损是指磨粒处于两个被磨表面之间造成的磨损，磨粒既可以来自润滑系统的外来物，也可以是磨损的产物，磨粒在两摩擦副表面间滚动。

对磨粒磨损的机理主要有以下几种观点：

（1）微观削切：磨粒与摩擦副表面发生的相互作用力，分为切向力和法向力两种。法向力垂直于摩擦副表面，磨粒被压入摩擦副表面，摩擦副表面由于滑动时的摩擦力通过磨粒的犁沟作用发生剪切、犁皱和微量削切，产生槽状磨痕。

（2）挤压剥落：摩擦副表面材料塑性很高，磨粒在载荷的作用下嵌入摩擦副表面而产生压痕，剥落物因挤压而从表层剥离。

（3）疲劳磨损：磨粒颗粒在摩擦副表面上循环接触应力的作用下，表面材料因疲劳而剥落。

磨粒磨损的机理属于磨粒的机械作用。

磨粒不仅担任磨损过程中重要信息载体的角色，而且还是判断磨损机理的重要依据。全面有效地表征磨粒一直都是摩擦学范畴的重要研究内容。

三、表面疲劳磨损

表面疲劳磨损是指摩擦副在循环往复交变接触应力的长期作用下，表面因发生疲劳而剥落的现象。当接触应力与循环交变接触应力次数均较小时，材料表面的磨损很小，对机器的正常运转影响较小；当接触应力与循环交变接触应力次数均较大时，摩擦副表面发生表面严重疲劳磨损，致使零件失效。表面疲劳磨损是疲劳裂纹形成和扩展的过程，疲劳磨损的初始裂纹发生在摩擦副的亚表层。因此，通常利用分析摩擦副内部的接触应力来达到研究疲劳磨损机理的目的。

表面疲劳磨损通常发生在两种情况下：表层萌生——发生在以滚动为主的摩擦副中；表面萌生——滚动兼滑动的摩擦副中。这两种磨损是同时存在的。按照疲劳坑的外形特征，表面疲劳磨损通常可分为鳞波和点蚀两种。鳞波的磨屑呈片状，表面的疲劳坑呈现大而浅的特点；点蚀的磨屑呈扇形，表面的疲劳坑则呈现小而深的特点。点蚀疲劳裂纹起源于表面，而鳞波疲劳裂纹起源于表层内。

影响表面疲劳磨损的主要因素有载荷与速度、材料的性能、表面粗糙度和润滑等。

四、腐蚀磨损

摩擦副两表面做相对运动时，摩擦副表面材料与周围介质发生化学或电化学反应，造成材料磨损的现象称为腐蚀磨损。腐蚀磨损同时伴随着腐蚀和磨损两个过程，腐蚀是由于材料与周围介质发生化学或电化学反应引起的，磨损是由摩擦副两表面机械摩擦引起的。

周围介质性质的不同，会影响作用在摩擦副表面上的状态，同时摩擦副材料性质的不同，腐蚀磨损的状态也不尽相同，主要分为氧化磨损、特殊介质腐蚀磨损、腐蚀磨粒磨损三类。

1. 氧化磨损

氧化磨损是最常见的一种磨损，其摩擦副的表面沿相对运动方向呈现匀细磨痕。除金、铂等少数金属外，大多数金属与空气接触，便立即与空气中的氧气发生化学反应生成氧化膜。膜厚度的增长速度随时间成指数减小。影响氧化磨损主要有氧化膜的性质、载荷、滑动速度、介质含氧量等因素。

2. 特殊介质腐蚀磨损

摩擦副两表面与特殊介质（如酸、碱等）发生化学反应或电化学反应而形成的磨损称为特殊介质腐蚀磨损。其磨损机理与氧化磨损机理相似，但腐蚀的速度更快、腐蚀痕迹更深。其磨损主要受到腐蚀介质性质、温度和材料性质的影响。

3. 腐蚀磨粒磨损

腐蚀磨粒磨损发生在湿磨粒磨损条件下，是磨粒磨损和腐蚀磨损的共同作用。腐蚀加快了磨粒磨损，而磨粒将腐蚀的产物从表面剥离出去，使得摩擦副表面重新外露，加速了腐蚀。

五、微动磨损

微动是指摩擦副表面没有发生宏观的相对位移，但在载荷和振动的影响下产生的小幅（1mm以下）的切向滑动。微动磨损是一种复合式磨损，若在磨损过程中，摩擦副表面间的相互作用以化学反应为主，则称为微动腐蚀磨损。

微动磨损过程主要分为三个阶段：①摩擦副表面的微凸体发生塑性形变并伴随黏着和转移；②受到外界微小振幅的影响时，剪切面发生氧化磨损，形成磨屑，由于摩擦副表面的紧密贴合，磨屑不易排出，在结合面上产生磨粒作用，形成磨粒磨损；③磨损进入稳定状态，累积到一定程度时，出现疲劳剥落。

可见，微动磨损不是单一形式的磨损形式，而是黏着磨损、氧化磨损、磨粒磨损等多种磨损形式的复合。实际生产中，判定以哪种磨损为主，要具体问题具体分析。

在实际复杂的工况条件下，大多数的磨损是以复合形式出现的，即磨损是由多种磨损机理共同起作用。随着工况条件的改变，磨损形式也会发生转移和更换，不同阶段下磨损形式的主次不同。因此，在解决实际磨损问题时要抓住主导磨损形式进行探究，才能采取有效措施减少磨损。

03 第三章

润滑设备常见故障

润滑油在设备中各个运动部位流动，不只是起到润滑作用，还可以从润滑油检测数据中诊断故障和了解与设备状态有关的很多信息，比如润滑油性能参数的变化，抑或是遭到污染以及油自身在工作中的化学反应而劣化，很多情况都是设备产生故障的前兆，也是造成故障的原因。本章从润滑油专业的角度，阐述润滑油状态变化对设备故障的影响，进而得出润滑油指标变化与故障诊断之间的联系。

第一节　设备故障原因分析

设备在长期运转过程中，难免会出现异常工作或无法正常工作的情况。当这样的情况发生时，相关人员要仔细检查设备有关部件，并进行数据或异常现象的分析工作。一般来说，设备故障原因分析主要从设计缺陷、制造缺陷、操作缺陷、工作环境恶劣、设备老化等方面入手。

一、设计缺陷

如果设备存在设计缺陷，会导致设备故障频繁发作。每当发现，应立即采取相应的措施，尽可能去改进或在使用时加以注意，把可能的损失降到最低。造成设计缺陷的主要原因有以下两点：

（1）存在结构薄弱环节，主要结构设计不合理。

（2）存在材料选择薄弱环节，主要是材料选择或代用材料选择不合理。

二、制造缺陷

产品经设计后进入制造阶段，制造阶段是任何产品都不可缺少的。产品制造缺陷主要指产品在制造过程中，因质量管理不善、技术水平差等原因而使产品中存在的不合理危险性。

产品制造缺陷可产生于产品制造过程的每一环节，从原材料的选择、零部件的选择到产品的每一制造工序、加工工序以及装配工序等都可产生制造缺陷。因此，产品制造缺陷一般可以分为原材料、零部件方面的缺陷、装配方面的缺陷。

三、操作缺陷

操作缺陷一般是人为因素造成的，主要可以表现为以下四个方面：

（1）参数调节失误。

（2）参数调节不及时。

（3）超温，超速，超负荷。

（4）润滑油、冷却液等辅助材料选用不当，以及更换不及时。

四、工作环境恶劣

为了满足不同的需求，有些设备需要长期暴露在恶劣的工作环境下。高温、潮湿、腐蚀性气体、尘埃等都会对设备的正常运转产生极大的威胁。为保证这类设备的安全运行，必须加强维护及监督管理工作。

五、设备老化

机械设备无论设计如何合理、制造如何完美，都会随着长期的使用，设备达到疲劳极限，造成性能逐渐下降，出现可靠性降低的现象。

设备若是存在上述因素之一，便有潜在的隐患，故诊断时应从故障的原因入手，才能进行准确判断。

第二节 设备故障分类及诊断

一、设备故障分类

（1）按故障发生的过程可分为缓慢发生的渐发性故障和突然发生的突发性故障。

（2）按故障发生的次序可分为：①原发性故障。在某处先发生小的故障，且暂时未被发现或对设备未造成大的影响。②继发性故障。设备继续运转，原发性故障开始对其他原本正常部件造成损坏，发展成为对设备整体或主要部分的损害，使得设备停止运转。通常原发性故障过程较长，但继发性故障是在短时间内发生的，作为设备故障诊断的先进性是要在原发性故障发生时就诊断出问题，及时采取相应措施减少损失。

（3）按故障发生的表征可分为隐性故障、半隐性故障、显性故障。

二、设备故障诊断

设备故障诊断的任务：①监控设备状态，预测设备可能存在的故障；②通过已经发生的故障做出现场诊断，找到故障的原因；③通过诊断得出结论，设法让设备安全有效的运行，这些均为制定停机大修的时间与内容提供重要的依据。

两个诊断源：一是故障发生产生的前兆现象，二是产生故障的原因。

（1）参数：运转设备反映运行状态参数的仪表。

（2）振动和噪声：当设备发生故障以后，设备会产生异常振动与响声。

（3）温度：设备异常时设备某些部位的温度会发生波动与变化。

（4）润滑油：润滑油的状态往往反映了设备的状态，可通过分析润滑油来得到设备内部很多的信息。润滑油在设备的各个运动部件中流动，其质量和使用中性质的变化，也是造成设备故障的原因之一。

第三节 润滑油与设备故障诊断

润滑油基本可以分为两种类型，一种为润滑剂，以润滑机械运转的部位为主；另一种作为工作用液体，起到密封、冷却、减振等作用，是设备的重要组成部分，以润滑作用为辅。从设备故障诊断的方面来讲，能在设备内部循环流动的液体便可以用来作为设备故障诊断分析的有效途径。

一、润滑油在使用中的变化

（一）润滑油老化裂解

润滑油在设备运行的过程中，在受到空气、温度的催化、机械剪切及有害介质等的作用下，会产生氧化、裂化等反应，性能会逐渐变差。对于油中的添加剂，在使用的过程中会减少或失效，从而导致油品的性能下降，同时会产生对设备有损害的成分，称为润滑油的老化或降解。油的老化降解是油中烃类氧化反应为主的过程，会生成有机含氧酸，会与金属机件反应造成磨损与故障。

润滑油质量指标一般包括两部分：一部分是物理化学指标，如微水含量、闪点、酸值、黏度、抗乳化性、抗泡沫特性等；另一部分是性能指标，指出了润滑油的质量与使用性能。当这些指标结果均在固定的合格范围内时，才能算是合格的某档次的润滑油。通常，理化指标也称为常规指标，性能指标称为保证项目。一些性能指标在润滑油的老化降解作用中下降，其原因一是油在设备运行的过程中劣化；二是油中的添加剂在使用中损耗。

润滑油会在设备不同温度部位生成不同类型的固体沉积物，如油泥、积炭等，这些沉积物也是造成设备故障的原因之一。设备的运行状态和生成沉积物的类型与多少也有很大的关系，如发动机在持续的高功率状态下运行生成积炭的趋势较大；发动机时常开停而处于较低温运行易生成油泥。润滑油中加入清净分散添加剂后可有效减少沉积物的生成，亦可使沉积物分散从而不会对设备造成较大影响。

润滑油在使用的过程中会降解并生成沉淀物，也会受到外界的污染，润滑油的性能会不断下降，使用到一定时间就应当更换新的润滑油，如果继续使用下去，就可能会对设备产生危害并且发生故障。许多设备管理良好的企业的工作经验表明，选用高质量的润滑油并掌握合理的换油期，可在很大程度上降低设备出故障的概率并且可以保障设备良好的运行状态。润滑油的换油期长短受到两个相反方面的因素影响，一方面因为节能环保的推动使得设备的性能不断升级，设备的热负荷和机械负荷持续上升，并且工作状态是复杂多样的，这些令润滑油的工作条件越来越苛刻，加速了润滑油的降解，使得换油期缩短；另一方面润滑油的性能逐渐在改善，润滑油质量的升级换代也逐渐加快，换油期的增长使总的换油期也延长。

由于润滑油的过度老化对设备的危害很大，所以掌握合适的换油期尤为重要。设备制造商在其用户手册上一般都有推荐值，使用什么种类的润滑油时应该在多长工作时长或多少工作里程需要更换新油。但这些推荐均为指导性的，不同用户和不同设备的使用条件和环境千差万别，润滑油的降解程度相差甚远，而设备制造商的用户手册上关于换油期的推荐值大多较为保守，按推荐值换油时，润滑油很可能并未达到使用寿命的终点。一般在管理上应执行按质换油的原则，对油品的质量进行检测，定期检测有关的指标，某一或某些指标已经达到界限值时，就应当更换新油。这些指标也相当于故障诊断的界限值，作为故障的警告，同时也能作为检测设备运行状态的指标。

润滑油在运行中的降解主要是烃类的氧化反应，反应产物多为醛、酮、醇等，最终产物为各种有机酸类，降解的结果使得油品的各项指标变差，性能下降，危害到设备的正常运转和使用寿命。从润滑油的指标变化情况也能监测到设备的工作状况等，润滑油指标的变化如下。

1. 黏度变化

润滑油在较高的工作温度下，油中的轻组分蒸发和基础油高度氧化，润滑油的黏度逐渐增大，停机后常温时润滑油流动性变差，严重时甚至呈胶冻状，再启动时会导致机油泵工作失效，油道和滤清器堵塞，造成严重的拉缸或烧瓦等事故，在油温不是特别高的时候也会随着润滑油的降解程度增大而导致黏度变大。润滑油的质量越好，降解的速度也越慢。工作中控制润滑油的黏度变化在一定的范围内，当黏度数值超出此范围时就应当更换新油。润滑油黏度的测定由国家标准方法，《石油产品运动黏度测定法和动力黏度计算法》（GB/T 265—1988）和《深色石油产品运动粘度测定法和动力黏度计算法》（GB/T 11137—1989），一般内燃机油和车辆齿轮油用按其100℃黏度值分类，工业用油按其40℃黏度值分类。

2. 总酸值变化（TAN）

润滑油的降解主要是烃类氧化，最终产物是有机酸类，润滑油的降解程度越大，酸值也越大。酸性化合物会腐蚀金属表面，而柴油中的硫燃烧后与水结合生成硫酸，也会对金属造成剧烈的腐蚀磨损，特别是在缸套和轴瓦的有色合金层，一般有成片点蚀，蚀洞有掏空现象。油配方中要加入好的抗氧化剂来作为应对措施，可以有效降低油的氧化速度，同时也要有碱性添加剂，中和有害的酸性产物，从而减轻腐蚀磨损的危害。润滑油的酸值应严格按照不同类型油的相关标准控制不同数值以下，如果超过此数值就应当及时换油，以免发生故障。

3. 总碱值变化（TBN）

发动机油中含有大比例的清洁分散剂，这些添加剂中含有机碱金属盐类，它们大多具有强碱性，这会使得成品内燃机油有较高的总碱值。这些碱性添加剂用以中和润滑油氧化生成的有机酸，还有燃料燃烧产物中的无机酸性物，故油在使用中该添加剂在不断的消耗，总碱值也会不断的下降，当下降到一定程度使该添加剂组分的中和能力不足时，设备的磨损在加大，此时便需要更换新油。润滑油总碱值的测定按《石油化工标准》（SH/T 0251—1993）进行。

4. 不溶物含量

润滑油降解后会生成细小的固体颗粒物悬浮于润滑油中，外来的固体污染物如砂子、磨损颗粒物等也会悬浮在润滑油中，这些不溶物可能会堵塞滤网和油道，极易导致供油不畅而发生故障，一般以戊烷不溶物含量来表示，随着润滑油的降解，不溶物含量会增加，使用中应控制在一定的数值范围内，超过该数值就应当更换新油。

（二）外界污染

润滑油在使用过程中往往会遭到外来物质的侵入，加速其变质，很容易造成设备出现故障，其主要来源一般分为两类：一类来源于设备内部，如发动机燃料、烟炱、水、酸、冷却液、制冷剂等，还有设备内的涂层、碎片、磨粒等；另一类来源于外部的工作环境，如砂土、灰尘、水、气体等。

检测润滑油中外来污染物的种类和数量可以了解到设备中部分故障的情况，这些污染物就是磨料，直接加大了设备的磨损或者堵塞供油系统使得磨损增大，油的污染物也会加快油的变质使得性能下降，造成设备故障。检测润滑油中异物的种类、性质和含量，对监测设备的状态和对故障的预测是十分重要的。

1. 水分

运转的设备大部分需要水或者含水的冷却剂冷却，发动机燃料燃烧后生成二氧化碳和水，汽轮机中的水蒸气和大气中的水都可以通过多种途径进入到润滑油系统中，通常存在以下几种形式。

（1）沉积水：外界进入的水及游离水聚集成水珠状从而沉积在油箱底部，可以通过油箱底部的放水阀把沉积水排出。

（2）溶解水：水会以极小颗粒分散溶解在润滑油当中，润滑油温度升高的时候溶解水的含量会大大增加。

（3）结合水：随着润滑油的降解以及润滑油本身的杂质化合物，使得油与水之间的表面张力下降，加强了油和水的结合力，形成乳化状或微乳状。

水的存在会降低润滑油的性能并会造成机械故障。润滑油中均含有数量不等的改善各种功能的添加剂，多为有机化合物，部分添加剂遇到水会水解，有的添加剂溶于水后被水从油中萃取出来，会导致添加剂失效，使其相应功能下降；润滑油中的水会让设备的零部件生锈，造成腐蚀磨损；水也会把机械表面的油膜冲走，造成设备零件间的干摩擦；很多润滑油被水污染后容易乳化，乳化后的润滑油润滑效果会变差，还会与油以及其他污染物生成油泥，堵塞油道和滤网，使得供油失效从而发生故障。

润滑油中含水有关的测定方法有以下三种：

（1）润滑油中的水含量测定有国家标准方法，《石油产品水含量的测定　蒸馏法》（GB/T 260—2016），当润滑油中含有水分时其外观大多是浑浊的。

（2）抗乳化性能。润滑油中的水通常有两种存在方式，一种是油中的水可能和油分成油层和水层，当静置一段时间后把下层的水排出后，上层的油还可以循环用作设备润滑，这样的情况一般发生在润滑油较为纯净或油中含表面活性剂较少或抗乳化剂时；另一种是油和水混在一起变成油包水或者水包油型的乳化油，这样大多发生在油不是很纯净或表面活性剂较多时。所以润滑油还有另一项指标叫做抗乳化性能，表示油和水分离的能力，其试验方法为《石油和合成液水分离性测定法》（GB/T 7305—2003）。

（3）水解安定性。润滑油中有的添加剂遇到水会因为水解而失效，故专门有一个测定添加剂此性能的指标，称为水解安定性，方法为《液压液水解安定性测定法（玻璃瓶法）》（SH/T 0301—1993）。

2. 燃料和烟炱

发动机的燃料由于雾化不良而未燃烧或充分燃烧，会流入到润滑油当中稀释润滑油，参与生成油泥，也会破坏添加剂，这会导致设备磨损增加，引起故障。一般可以从润滑油的黏度和闪点下降中测定得出。闪点的测定有国家标准方法《石油产品闪点和燃点的测定》（GB/T 3536—2008），润滑油被燃料稀释后闪点会明显下降。

发动机中燃料燃烧后会产生微小的炭状物，称为烟炱，它也会进入到润滑油中而产生危害。

（1）油黏度增加：当烟炱含量达到一定数值后，黏度会快速上升，导致油的流动性变差，这会出现供油不足进而发生故障。

（2）磨损增加：烟炱的颗粒比较大，可作为磨料造成磨料磨损，当烟炱吸附了一些燃料燃烧后生成的酸性物还可能会造成腐蚀磨损，所以含有烟炱的润滑油会对发动机的阀系、汽缸表面造成较大的磨损。烟炱的含量没有特定的测定方法，可以通过测定油中不溶物以及沉淀物法或者利用显微镜观察。

3. 灰尘和杂质

设备和车辆所处环境灰尘较大时，各种灰尘中的颗粒物也会通过各种方式进入润滑油当中。这些杂质中有很多较硬的颗粒会造成不同程度的磨料磨损，有些杂质还会堵塞油道和滤网，进而造成供油障碍而发生恶性事故。此外，润滑油中杂质较多也表明设备的过滤系统有故障和密封系统效果不佳。

润滑油在储存、运输、换油的过程中由于机体和用具、容器清洗较差而使润滑油遭到污染，也会影响到润滑油的部分性能。

综上所述，润滑油中污染度较大时，说明润滑油中磨损颗粒和外来污染物比较多，这是故障警告指标之一，污染物的增加除了会加剧设备的磨损，也表明了设备的使用环境较差，过滤系统的效率较低或密封性能不良等。

4. 进入空气

润滑油中的空气一般有三种存在形式：

（1）自由空气，指随着润滑油在设备当中的流动而进入或排出的空气。

（2）进入空气，指空气以气泡的形式稳定地存在于润滑油当中。

（3）溶解空气，润滑油在常温常压下一般含有 7%～8% 的溶解空气，这些溶解空气对设备并没有危害，但润滑系统的温度与压力发生变化时，空气在润滑油中的溶解度也会发生变化，有时溶解空气会释放出来，在润滑油表面产生泡沫或在油中生成微小的气泡，这些情况均会对设备产生危害。

润滑油在流动或搅动过程中不断地从大气中带进空气，也会不断地析出，这样会在润滑油表面生成泡沫，还有会在润滑油中生成微小的气泡，这会造成很多危害，如产生噪声；油泵抽空而导致供油不稳定或者失效；泵体产生穴蚀磨损加大；油温升高，氧化加剧导致润滑油寿命缩短等。

造成空气可以在润滑油中稳定存在的原因有很多，如润滑油的质量，油中的添加剂很多是表面活性剂，这些表面活性剂可以改变油膜的表面张力，可以使泡沫稳定地存在；还有设备的原因，结构的不合理或者密封失效使得空气源源不断地进入到润滑油当中，这会让润滑油不断产生泡沫；润滑油可能受到污染，在储存运输以及操作的过程中混入了表面活性剂；润滑油在使用的过程中也会不断劣化，某些劣化产物可以改变润滑油的表面张力使得泡沫可以稳定地存在。

5. 其他污染

以下几种情况也有可能会导致润滑油受到污染。

（1）更换润滑油时旧油没有释放干净、完全就加入新油，残存的旧油会污染新油，旧油中原有的氧化产物会加速新油的氧化。

（2）设备操作过程中补加润滑油时，加入了不同品种或是劣质的润滑油，润滑油中不同配方的添加剂可能产生化学反应而易于变质。

（3）当设备进行内部冲洗后，如果清洗介质未排干净就加入润滑油进行试运转，残存的水、燃料、清洗剂等介质会污染润滑油。

（4）封存的设备内部的防锈物未清除干净便加入润滑油进行运转，也是让润滑油受到污染的原因之一。

（5）设备的工作环境中存在大量的水、灰尘或化学物质，也极易污染润滑油。

（三）润滑油与橡胶密封件的相容性

设备的弹性体（多为橡胶）密封件损坏也是设备的常见故障，设备的设计和其制造者通常把这类故障归咎于密封件的材料和构造，很少会从润滑油与密封件的相容性去寻找原因。很多橡胶密封件的材料和润滑油在一定温度下长期处于浸泡的状态，其硬度、弹力等会发生变化，其密封的性能和机械强度会变差，产生泄漏甚至损坏，不同的材料密封件与不同的润滑油相匹配会造成密封件的膨胀、变硬的程度相差较大，是因为一些基础油或者其中添加剂的组分和特定橡胶密封件组分产生反应。故在做润滑油配方的研究时，不光要考虑到润滑油的性能是否满足，也要考虑到润滑油与设备使用的橡胶密封件材料是否相容。当相容性不佳时，应当改变密封件的材质或是润滑油的配方，很多品种的润滑油在其产品规格中都带有橡胶密封件材料相容性的具体要求。因此，当发现设备密封部分损坏过快时，除了要考虑密封件的材料与结构外，也应当考虑到密封件与润滑油的相容性。

（四）润滑油油量

润滑油的油量应适合设备需求，润滑油油量偏少，会造成部分齿轮、轴承接触不到润滑油，无法形成油膜，继而出现干摩擦，造成部件磨损破坏，温度升高。润滑油油品偏多，齿轮及轴承等运转部件运行阻力增加，耗电增加，而且润滑油因不断搅拌而升温，黏度下降、油膜变薄、摩擦表面的正常润滑遭到破坏，加剧设备磨损。

二、设备的磨损

设备的磨损类型分类如下：

（1）黏着磨损。接触表面的材料由于高温产生塑性变形，转移到另一表面，这种现象一般为润滑不良导致，其表面或磨粒外观通常有高温变色以及塑性变形的痕迹。

（2）磨料磨损。两个运动表面间存在硬度不同的颗粒造成材料的转移，这些颗粒可能来自设备本身的磨损，也有可能来源于外部，产生这种情况的表面有时会有刮痕，其磨粒比较圆滑。

（3）疲劳磨损。运动表面在长时间承受交变应力的作用下，达到疲劳极限至强度下降致使材料转移，一般承受的力较大，产生的剥落和点蚀比较多，磨粒有片状和钝粒状。

（4）腐蚀磨损。金属表面与周围介质发生化学反应，形成低强度产物而造成物质损失，这些介质可能来自油老化的产物或是外来污染物，磨损面外观粗糙，没有光泽，有内部掏空的点蚀，磨粒细小。

（5）其他磨损。如轻微震动、流体冲击、电蚀等磨损。

各类磨损示意图如图 3-1 所示。

（a） （b）

图 3-1　各类磨损示意图（一）

（a）黏着磨损；（b）磨料磨损

（c）   （d）

图 3-1   各类磨损示意图（二）
（c）疲劳磨损；（d）腐蚀磨损

正常的磨损使得摩擦副配合间隙扩大，造成设备的性能逐渐下降，减少使用寿命，严重的磨损会导致拉伤、剥落甚至烧结等破坏性故障。磨损形式在实际发生时较为复杂，各种磨损形式混合发生。例如，黏着磨损和疲劳磨损产生的磨粒会造成磨粒磨损，腐蚀磨损使得金属表面的强度下降而易于疲劳，所以有时会造成区分的难度加大。应当抓住各种磨损的主要特点进行分析，如黏着磨损一般伴有高温，因而磨损部位都会有与高温有关的变色或由于达到熔点后有金属塑性流动形状，表面有点蚀、剥落或外观色泽变暗与疲劳磨损或腐蚀磨损有关。

三、油样的采集

对运行中设备在用的润滑油分析做出诊断就要取油样，这是一项简单而又极其重要的工作，取样是整个设备故障诊断技术的信息链中的始端。如果不能掌握正确的油样采集技术，就无法对设备进行故障诊断，如果采集的油样不具有代表性，其中所含有的信息就会丢失，后面所有的工作都是徒劳的，而这样采集得到的数据所得出的结论也只能起到误导作用，当报告中的数据规律性不强或完全出乎意料而无法解释时，就应当怀疑油样的代表性。油样分析费时费力，合理地安排取样周期，在减少分析工作量的同时还能反映实际情况。油样采集的工作十分简单，但容易忽略其严格性和技术性，故在此说明油样采集必须遵守的几个原则。

（1）取样位置：应在润滑油流动时从主油道取样。这样取得的样品中各种成分比较均匀，能反映设备当时的状况。每次取样位置固定，对较为复杂或易产生磨粒处还要在另一个位置去取第二个油样。若油样是用于分析不溶于油的固体颗粒时，取样位置应当尽量接近颗粒的产生部位如轴承附近，且不要在滤清器的后面取样。

（2）取样时间：从故障预测的角度取样间隔应从疏到密。新的设备开始运转或使用新油时发生故障的可能性较小，润滑油劣化的程度低，取样的间隔可以大一些；而运转中期乃至后期，取样的频率应当逐渐加大，某些项目有异常或者设备的情况有异常时，取样的间隔应加密，从分析项目的结果和设备运行的时间作出的曲线形状可以看出该项目的变化趋势。

（3）在设备运行中的润滑油在循环流动的状态下取样，那时油中的组分较为均匀，操作温度下油的黏度较小，流动性良好，有一定的压力，便于抽取。

（4）在补加新油前取样，以免加入的新油改变了在用润滑油中相关组分的浓度。

（5）每次取样先打开放油阀放掉一些油后再进行取样，先放掉的油是原来管线中积存的不流动的油，这些油不具有代表性。

（6）对独立油箱的静止油进行取样，一般取上、中、下三个位置的油混合后再进行分析。

（7）取油样的量应比分析项目所需油量多0.5倍以上，因为完成分析后需要保存油样以备复查。

（8）取油样的容器必须洁净并且干燥。

（9）取样后容器标签应填上油品名称、运行时间（里程）、设备名称、取样日期等，并且进行登记以及编号。尽量做到每次取样固定取样人和取样位置。

四、加强润滑管理

加强润滑管理并没有很高很深的技术含量，需要的是工作人员负责、严格和认真，需要的是使用质量相对应的润滑油，做好运行中润滑油的过滤和清洁，控制较低的油温，日常做好润滑油的密封防止泄漏。

1. 使用质量较好的润滑油

要使用质量好并且合适的润滑油，包括对于设备的类型、使用的环境、操作的条件和苛刻的程度，选用适当的润滑油的档次、品种及黏度，是润滑油管理中最重要的一步，一般从以下几个方面来进行对润滑油的选择：

（1）选择合适的润滑油档次和黏度，可以参照设备的用户手册，但不能生搬硬套，用户手册上大多指的是普遍情况，应当对设备和润滑油本身具体的应用做出适当的调整。

（2）使用前咨询润滑油的供应商是十分必要的。润滑油的供应商往往是行业内的专业人士，具有足够的资质。

（3）参照同行业用同一设备使用润滑油的情况，还应当具备一定的润滑油基础知识。

若代用或混用润滑油时，还应当注意以下几种情况：

（1）使用同一品牌的润滑油时，务必做到品种要相同，代用润滑油的品种要高于被代品种，若使用不同品种相互代替，需要提前咨询润滑油的供应商。

（2）不同品牌但品种相同的润滑油，应当先进行混合试验再进行代用。

（3）代用和混用只是临时措施，应当尽快取得原用油并换回。

不要为节约成本而以价格低廉作为购买润滑油的主要标准，反之也不建议使用价格较为昂贵的润滑油，价格高的润滑油不一定合适。一定要以质量合适为原则，购买既节约成本又高效的润滑油。

2. 保持润滑油的清洁度

（1）加强除尘，杜绝水泄漏。

（2）润滑油和空气滤清器应处于高效的工作状态，定期清洗或更换滤清器，确保润滑油的洁净度良好。

（3）润滑油的存放、输送，以及加油器具应按照润滑油的品种配置，切忌混用，保证场所和器具的清洁，从根源切断污染源。

3. 保持较低油温

润滑油温度越高，氧化速度越快，润滑油的使用寿命也会越短，如果采取措施使油温或者设备的温度降低，可以很大程度上延长换油期。

4. 加强油监测

制订合理的油液监测方案，正确解读实验报告，及时发现问题，采取合理措施，避免重大事故发生。

04 第四章

风机齿轮箱

风力发电机组中的齿轮箱是一个重要的机械部件,其主要功用是将风轮在风力作用下所产生的动力传递给发电机并使其得到相应的转速。除了直驱式风力发电机组外,其他形式的机组风轮的转速很低,远达不到发电机发电的要求,必须通过齿轮箱齿轮副的增速作用来实现,故齿轮箱也称为增速箱。

第一节 齿轮箱的构造

一、齿轮箱的类型与特点

齿轮箱按内部传动链结构可分为圆柱结构齿轮箱、行星结构齿轮箱和圆柱与行星混合结构齿轮箱三类。

1. 圆柱结构齿轮箱

直齿和斜齿圆柱齿轮箱由一对转轴相互平行的齿轮构成。直齿圆柱齿轮的齿与齿轮轴平行,而斜齿圆柱齿轮的齿与轴线呈一定角度,如图4-1所示。圆柱结构齿轮箱一级传动比较小,多级传动则可获得大的传动比,但体积较大,而且圆柱结构齿轮箱的噪声较大。

图 4-1 直齿和斜齿圆柱齿轮系

2. 行星结构齿轮箱

行星结构齿轮箱的输入轴和输出轴在同一条轴线上,由一圈安装在行星架上的行星轮、内侧的太阳轮和外侧与行星轮啮合的内齿圈组成。如图4-2所示,位于中间的齿轮称为太阳轮,轴线可动的齿轮称为行星轮,行星轮与太阳轮及外部的内齿圈啮合,太阳轮和内齿圈的轴线保持不变。行星结构齿轮箱传动效率高于圆柱结构齿轮箱;由于载荷被行星轮平均分担,在传递相同功率的情况下,行星结构齿轮箱体积要小于圆柱结构齿轮箱,噪声也比较小,但结构复杂。

图 4-2　行星结构齿轮系

3. 圆柱与行星混合结构齿轮箱

实际应用的风力发电机组主齿轮系中，最常见的形式是由圆柱结构齿轮系和行星结构齿轮系混合构成的多级齿轮箱，它集成了圆柱结构齿轮箱和行星结构齿轮箱的优点，使风力发电机组的设计与使用达到缩小体积、减轻重量、提高承载能力和降低成本的目的。

按照传动的级数可分为单级和多级齿轮箱；按照转动的布置形式又可分为展开式、分流式和同轴式及混合式等。常用齿轮箱形式及其特点和应用见表 4-1。

表 4-1　　　　　　　　　　　常用齿轮箱形式及其特点和应用

传动形式		传动简图	推荐传动比	特点及应用
两级圆柱齿轮传动	展开式		$i=i_1i_2$ $i=8\sim60$	结构简单，但齿轮相对于轴承的位置不对称，因此要求轴有较大的刚度。高速级齿轮布置在远离转矩输入端，这样轴在转矩作用下产生的扭矩变形可部分地互相抵消，以减缓沿齿宽载荷分布不均匀的现象，用于载荷比较平稳的场合。高速级一般做成斜齿，低速级可做成直齿
	分流式		$i=i_1i_2$ $i=8\sim60$	结构复杂，但由于齿轮相对于轴承对称布置，与展开式相比载荷沿齿宽分布均匀、轴承受载较均匀，中间轴危险截面上的转矩只相当于轴所传递转矩的一半，适用于变载荷的场合。高速级一般用斜齿，低速级可用直齿或人字齿
	同轴式		$i=i_1i_2$ $i=8\sim60$	减速器横向尺寸较小，两对齿轮浸入油中深度大致相同，但轴向尺寸和重量较大，且中间轴较长、刚度差，使沿齿宽载荷分布不均匀。高速轴的承载能力难于充分利用

续表

传动形式		传动简图	推荐传动比	特点及应用
两级圆柱齿轮传动	同轴分流式		$i=i_1i_2$ $i=8\sim60$	每对啮合齿轮仅传递全部载荷的一半，输入轴和输出轴只承受扭矩，中间轴只受全部载荷的一半。因此，与传递同样功率的其他减速器相比，轴颈尺寸可以缩小
三级圆柱齿轮传动	展开式		$i=i_1i_2i_3$ $i=40\sim400$	同两级展开式
	分流式		$i=i_1i_2i_3$ $i=40\sim400$	同两级分流式
行星齿轮传动	单级 NGW		$i=2.8\sim12.5$	与普通圆柱齿轮减速器相比，尺寸小，重量轻，但制造精度要求较高，结构较复杂，在要求结构紧凑的动力传动中应用广泛
	两级 NGW		$i=i_1i_2$ $i=14\sim160$	同单级 NGW 型
一级行星两级圆柱齿轮传动	混合式		$i=20\sim80$	低速轴为行星传动，使功率分流，同时合理应用了内啮合。 末二级为平行轴圆柱齿轮传动，可合理分配减速比，提高传动效率

二、齿轮箱图例

图 4-3 所示为两级圆柱齿轮传动齿轮箱的展开图。输入轴大齿轮和中间轴大齿轮都是以平键和过盈配合与轴联结；两个从动齿轮都是采用了轴齿轮的结构。

图 4-4 所示为一级行星和一级圆柱齿轮传动齿轮箱的展开图。机组传动轴与齿轮箱行星架轴之间利用胀紧套联结，装拆方便，能保证良好的对中性，且减少了应力集中。行星传动机构利用太阳轮的浮动实现均载。

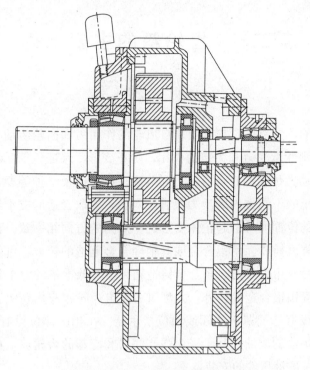

图 4-3　两级平行轴圆柱齿轮传动齿轮箱

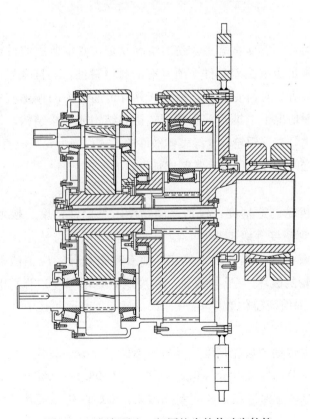

图 4-4　一级行星和一级圆柱齿轮传动齿轮箱

第二节 齿轮箱的主要部件

一、箱体

箱体是齿轮箱的重要部件，它承受来自风轮的作用力和齿轮传动时产生的反力。箱体必须具有足够的刚性承受力和力矩的作用，防止变形，保证传动质量。箱体的设计应按照风力发电机组动力传动的布局、加工和装配、检查以及维护等要求来进行。应注意轴承支承和机座支承的不同方向的反力及其相对值，选取合适的支承结构和壁厚，增设必要的加强筋。筋的位置须与引起箱体变形的作用力的方向相一致。箱体常用的材料有球墨铸铁和其他高强度铸铁。用铝合金或其他轻合金制造的箱体，可使其重量较铸铁轻20％～30％，但从另一角度考虑，轻合金铸造箱体，降低重量的效果并不显著。目前除了较小的风电机组尚用铝合金箱体外，大型风力发电齿轮箱应用轻铝合金铸件箱体已不多见。箱盖上还应设有透气罩、油标或油位指示器。在相应部位设有注油器和放油孔，放油孔周围应留有足够的放油空间。采用强制润滑和冷却的齿轮箱，在箱体的合适部位设置进出油口和相关的液压件的安装位置。

二、齿轮

风力发电机组运转环境非常恶劣，受力情况复杂，要求所用的材料除了要满足机械强度条件外，还应满足极端温差条件下所具有的材料特性，如抗低温冷脆性、冷热温差影响下的尺寸稳定性等。对齿轮而言，由于其具有传递动力的作用而对选材和结构设计要求极为严格，一般情况下不推荐采用装配式拼装结构或焊接结构，齿轮毛坯只要在锻造条件允许的范围内，都采用轮辐轮缘整体锻件的形式。当齿轮顶圆直径在2倍轴径以下时，由于齿轮与轴之间的连接所限，常制成轴齿轮的形式。

1. 齿轮精度

齿轮精度是指齿轮制造精度，包括运动精度、平稳性精度、接触精度、齿侧间隙精度四项指标。齿轮精度等级的选择，应根据传动的用途、使用条件、传功效率、圆周速度、性能指标或其他技术要求来确定。如有冲击载荷，应稍微提高精度，从而减少冲击载荷带给齿轮的破坏。《圆柱齿轮　精度制》（GB/T 10095）中对齿轮副规定了13个精度等级，分别用阿拉伯数字0、1、2、…、12表示，其中0级精度最高，其余各级依次递减。

齿轮箱内用作主传动的齿轮精度，外齿轮不低于5级《圆柱齿轮　精度制　第1部分：齿轮同侧齿面偏差的定义和允许值》（GB/T 10095.1—2008），内齿轮不低于6级。选择齿轮精度时要综合考虑传动系统的实际需要，良好的传动质量是靠传动装置各个组成部分零件的精度和内在质量来保证的，不能片面强调提高个别件的要求，使成本大幅度提高，却达不到预期的效果。

2. 渗碳淬火

通常齿轮最终热处理的方法是渗碳淬火，齿表面硬度达到 HRC(60±2)，同时规定随模数大小而变化的硬化层深度要求，具有良好的抗磨损接触强度，轮齿心部则具有相对较低的硬度和较好的韧性，能提高抗弯曲强度。

3. 齿形加工

为了减轻齿轮副啮合时的冲击，降低噪声，需要对齿轮的齿形齿向进行修形。在齿轮设计计算时已根据齿轮的弯曲强度和接触强度初步确定轮齿的变形量，再结合考虑轴的弯曲、扭转变形以及轴承和箱体的刚度，绘出齿形和齿向修形曲线，并在磨齿时进行修正。

三、滚动轴承

齿轮箱的支承中，大量应用滚动轴承，其特点是静摩擦力矩和动摩擦力矩都很小，即使载荷和速度在很宽范围内变化时也如此。滚动轴承的安装和使用都很方便，但当轴的转速接近极限转速时，轴承的承载能力和寿命急剧下降，高速工作时的噪声和振动比较大。齿轮传动时轴和轴承的变形引起齿轮和轴承内外圈轴线的偏斜，使轮齿上载荷分布不均匀，会降低传动件的承载能力。由于载荷不均匀性而使轮齿经常发生断齿的现象，在许多情况下又是由于轴承的质量和其他因素，如剧烈的过载引起的。选用轴承时，不仅要根据载荷的性质，还应根据部件的结构要求来确定。相关技术标准，如 DIN281，或者轴承制造商的样本，都有整套的计算程序可供参考。

四、密封

齿轮箱轴伸部位的密封应能防止润滑油外泄，同时也能防止杂质进入箱体内。常用的密封分为非接触式密封和接触式密封两种：一是非接触式密封，所有的非接触式密封不会产生磨损，使用时间长；二是接触式密封，接触式密封使用的密封件应使密封可靠、耐久、摩擦阻力小、容易制造和装拆，应能随压力的升高而提高密封能力和有利于自动补偿磨损。

第三节 齿轮箱的润滑原理

齿轮箱的润滑十分重要，良好的润滑能对齿轮和轴承起到足够的保护作用。为此，必须高度重视齿轮箱的润滑问题，严格按照规范保持润滑系统长期处于最佳状态。齿轮箱常采用飞溅润滑或强制润滑，一般以强制润滑为多见。

1. 飞溅润滑

飞溅润滑是齿轮箱最简单的润滑方式。低速轴上的齿轮必须浸没在油池中至少两倍于轮齿高度，才能向齿轮和轴承提供充分的飞溅润滑油。在保证向所有轴承及齿轮提供充分润滑的前提下设计最低油位。齿轮箱箱体上应设置油池，沿箱壁流下的油液应尽可能收集并送至轴承润滑。

外置滤清系统可控制污染并防止微粒进入齿轮和轴承的临界表面。建议飞溅润滑系统使用外置滤清系统，外置滤清系统应使油液清洁度比轴承寿命计算时的设定值高一个等级。

在风力发电机组切出或切入前如设置了停机制动，则飞溅润滑有可能防止不了齿轮和轴承间金属对金属的直接接触，这在使用高速轴停机制动时尤为明显。

2. 强制润滑

500kW 及以上的齿轮箱应当采用强制润滑系统以确保所有转动部件得到充分润滑，以延长齿轮箱零部件和润滑油的寿命。该系统可以通过采用内置或外置滤清器的方式来保持油液的清洁度达到表 4-2 所示的要求。为了保证充分润滑和控制油温，必须考虑黏度、流速、压力及喷油嘴的大小、数量和位置等因素进行合理的设计。除了浸没于油池工作油位以下的轴承外，所有轴承都必须由该润滑系统可靠供油。强制润滑系统还应配备一个热交换器。

使用电动油泵供油的润滑系统，在风力发电机组制动过程或意外停电时有可能产生短暂的缺油，引起机件的损伤，在齿轮箱的中间轴端设置双向机带油泵，有利于解决此问题。是否设置附加油泵，应由主机厂和齿轮箱厂协商确定。

表 4-2 　　　　　　　　　　　齿轮箱润滑油清洁度要求

样品油来源	按《液压传动油液固体颗粒污染等级代号》要求的清洁度等级
齿轮箱加入的油	—/14/11
齿轮箱台架试验后取出的油	—/15/12
风力发电机组试运行 24～72h 后从齿轮箱内取出的油（用于强制润滑系统）	—/15/12
按操作和维护说明书规定取样的齿轮箱内的油（仅用于强制润滑系统）	—/16/13

箱体内的喷油嘴和油管应安装牢固，紧固螺栓应有可靠的防松措施。喷油嘴上宜设置一个内置滤网来防止污物阻塞。

3. 组合润滑系统

采用飞溅和强制两种润滑方式组合的润滑系统应确保所有齿轮和轴承都能得到充分的润滑。组合系统只用于规格较小的油泵和油路，可根据需要配备滤油器、冷却器和加热器。

第四节　齿　轮　材　质

风力发电机组通常情况下安装在高山、荒野、海滩、海岛等野外风口处，受无规律的变向、变载荷的风力作用以及强阵风的冲击，常年经受酷暑、严寒和极端温差的影响，加之所处自然环境交通不便，齿轮箱安装在塔顶机舱内的狭小空间内，一旦出现故障，修复非常困难，故对其可靠性和使用寿命都提出了比一般机械高得多的要求。因此，对于风力发电机组齿轮箱的构件材料提出了更高的要求。

为了提高承载能力，齿轮一般都采用优质合金钢制造。齿轮、齿轮轴、轴宜采用15CrNi6、17Cr2Ni2A、20CrNi2MoA、17CrNiMo6、17Cr2Ni2MoA 等材料。内齿圈按其结构要求，可采用42CrMoA、34Cr2Ni2MoA 等材料制造，经渗碳、渗氮或其他方式的热处理，其材料性能应符合相关标准的规定。内齿圈也可采用与外齿轮相同的材料。行星架宜采用 QT700-2A、42CrMoA、ZG34Cr2NiMo 等材料，也可使用其他具有等效力学性能的材料。箱体的毛坯应根据结构形式选用球墨铸铁或铸钢件，也可选用其他具有等效力学性能的材料制作。采用锻造方法制取毛坯，可获得良好的锻造组织纤维和相应的力学特征。合理的预热处理以及中间和最终热处理工艺，保证了材料的综合机械性能达到设计要求。目前风力发电机组齿轮箱主要零件常用材料见表 4-3，风力发电机组齿轮用钢化学成分见 4-4。

表 4-3　　　　　　　　　　　　齿轮箱主要零件常用材料

零件种类		常用材料牌号
齿轮类	渗碳淬火＋磨齿	17CrNiMo6、20CrNi2Mo 20Cr2Ni4、18Cr2Ni4W
	氮化＋磨齿（内齿圈）	42CrMo、34Cr2Ni2MoA
轴类	调质	42CrMo、40Cr
静止类结构件（如箱体）		QT400-18AL
转动类结构件（如行星架）		QT700-2A

表 4-4　　　　　　　　　　　　齿轮钢化学成分　　　　　　　　　　质量分数，％

牌号	C	Mn	Si	Cr	Ni	Mo	备注
17CrNiMo6H	0.15～0.20	0.40～0.60	≤0.40	1.50～1.80	1.40～1.70	0.25～0.35	外齿轮用钢
15CrNi6H	0.14～0.19	0.40～0.60	≤0.40	1.40～1.70	1.40～1.70	—	外齿轮用钢
20CrNi2MoA	0.17～0.23	0.30～0.65	0.17～0.37	0.60～0.95	2.70～3.25	0.20～0.30	外齿轮用钢
17Cr2Ni2MoA	0.15～0.19	0.40～0.60	0.15～0.35	1.50～1.80	1.40～1.70	0.15～0.25	外齿轮用钢
42CrMoA	0.38～0.45	0.50～0.80	0.50～0.80	0.90～1.20	—	0.15～0.25	内齿轮用钢
34Cr2Ni2MoA	0.30～0.40	0.50～0.80	0.17～0.37	1.10～1.70	2.75～3.25	0.25～0.40	内齿轮用钢

除了常规状态下力学性能外，齿轮箱材料还应具有以下条件：

（1）低温状态下抗冷脆性等特性。

（2）保证充分的润滑条件等。

（3）应保证齿轮箱平稳工作，防止振动和冲击。

（4）对冬夏温差巨大的地区，要配置合适的加热和冷却装置。

（5）要设置监控点，对风力发电机组齿轮箱的运转和润滑状态进行遥控。

第五节 齿轮箱的使用与维护

在风力发电机组中，齿轮箱是重要的部件之一，必须正确使用和维护，以延长使用寿命。

一、安装要求

齿轮箱主动轴与叶片轮毂的连接必须可靠紧固。输出轴若直接与电机联结时，应采用合适的联轴器，最好是弹性联轴器，并串接起保护作用的安全装置。齿轮箱轴线和与之相联结的部件的轴线应保证同心，其误差不得大于所选用联轴器和齿轮箱的允许值，齿轮箱体上也不允许承受附加的扭转力。齿轮箱安装后用人工盘动应灵活，无卡滞现象。打开观察窗盖检查箱体内部机件应无锈蚀现象。用涂色法检验，齿面接触斑点应达到技术条件的要求。

二、空载试运转

按照说明书的要求加注规定的润滑油达到油标刻度线，在正式使用之前，可以利用发电机作为电动机带动齿轮箱空载运转。此时，经检查齿轮箱运转平稳，无冲击振动和异常噪声，润滑情况良好，且各处密封和结合面无泄漏，才能与机组一起投入试运转。加载试验应分阶段进行，分别以额定载荷的 25％、50％、75％、100％加载，每一阶段运转以平衡油温为主，一般不得小于 2h，最高油温不得超过 80℃，其不同轴承间的温差不得高于 15℃。

三、正常运行监控

每次机组启动，在齿轮箱运转前先起动润滑油泵，待各个润滑点都得到润滑后，间隔一段时间方可起动齿轮箱。当环境温度较低时，例如小于 10℃，须先接通电热器加热机油，达到预定温度后再投入运行。若油温高于设定温度，如 65℃时，机组控制系统将使润滑油进入系统的冷却管路，经冷却器冷却降温后再进入齿轮箱。管路中还装有压力控制器和油位控制器，以监控润滑油的正常供应。如发生故障，监控系统将立即发出报警信号，使操作者能迅速判定故障并加以排除。在运行期间，要定期检查齿轮箱运行状况，看看运转是否平稳，有无振动或异常噪声；各处连接和管路有无渗漏，接头有无松动；油温是否正常。

四、定期更换润滑油

第一次换油应在首次投入运行 500h 后进行，以后的换油周期为每运行 5000～

10000h。在运行过程中也要注意箱体内油质的变化情况，定期取样化验，若油质发生变化，氧化生成物过多并超过一定比例时，就应及时更换。齿轮箱应每半年检修一次，备件应按照正规图纸制造，更换新备件后的齿轮箱，其齿轮啮合情况应符合技术条件的规定，并经过试运转与负荷试验后再正式使用。

五、主轴轴承的定期维护

主轴及轴承系统的定期维护主要是针对主轴轴承的定期维护和保养，主轴轴承的补充润滑对其运行可靠性具有重要的意义。主轴轴承常采用的补充润滑方式有手动润滑和集中润滑两种方式。

手动润滑通常采用黄油枪或加脂机，通过轴承箱注脂孔，根据运维手册的要求直接注入相应质量或体积的润滑脂。集中润滑通常由润滑脂泵、递进式分配器和管路组成，可以保证机组主轴轴承的润滑方式为少量、频繁多次润滑，从而使主轴轴承始终处于最佳的润滑状态。

主轴轴承在定期维护和保养时，应注意以下事项：

（1）主轴轴承润滑脂加注量、加注周期应严格遵守用户手册；

（2）注意补充润滑脂前后轴承的温度变化；

（3）注意主轴轴承密封表面的润滑脂的变化；

（4）注意密封是否完好，密封上是否有污染物；

（5）注意主轴轴承的振动状况和噪声变化；

（6）应在适当的时间对主轴轴承的润滑脂进行分析，以判断主轴轴承的运行情况；

（7）在沙尘条件下应注意机舱的密封，防止沙尘对主轴轴承的密封产生不良影响。

六、齿轮箱润滑及冷却系统的定期维护

1. 更换滤芯

通常至少每6个月对齿轮箱滤芯进行检查，在齿轮箱启动8～12周之后应第一次更换滤芯。此后，如果有需要时可以随时更换，但至少每年更换一次。

更换滤芯的基本流程：①关闭润滑系统，放油；②打开过滤器顶盖；③人工拉出存放污染物支架的滤芯，更换滤芯，观察滤芯表面的残留污物和大的颗粒；④如果必要的话，清洗过滤器桶、支架和顶盖；⑤确保顶盖和过滤器筒体连接密封性良好，如果需要应更换密封圈；⑥把滤芯小心安装在支架上，把带有新滤芯的支架小心地安装到过滤器支撑轴上；⑦合盖后，开启润滑系统，检查过滤器是否漏油。

更换滤芯的注意事项：①更换滤芯的同时注意检查滤芯上的颗粒物，如果数量较多需要检查齿轮和轴承零部件；②更换滤芯前确认新旧滤芯型号一致；③注意检查滤芯是否存在机械损伤。

2. 阀、油路分配器、管路或连接胶管的更换

润滑及冷却系统各零部件由大量控制阀、油路分配器、管路和连接胶管连接。这些控制阀和连接器件出现故障、堵塞、漏油严重或胶管严重龟裂老化时，需要对上述器件进行更换。

阀、油路分配器、管路或连接胶管的更换基本流程和注意事项：①关闭润滑系统，排出线路中润滑油；②拆卸线路或管路连接中的控制阀、分配器连接螺栓；③确保更换的新器件表面和内部无污物和损坏时进行更换；④采用适当的力矩预紧连接管路螺栓，防止内部密封圈变形和压馈；⑤确认连接无误后，开启润滑系统，检查管路接头是否漏油。

3. 齿轮箱冷却器的定期维护

由于组成部件失效或散热片污垢堆积导致齿轮箱油温高停机的现象时有发生，尤其是夏季机舱内温度较高时，因此对冷却器的定期维护对于确保发电量具有重要的意义。

散热片清洗基本流程和注意事项：①齿轮箱停止运行一段时间后，关闭润滑系统，待散热器完全冷却；②采用高压水枪冲洗散热器表面污垢，冲洗按散热器表面纹路方向；③采用尼龙毛刷和清洗剂擦洗堆积在散热片弯曲的拐角等位置污垢；④完成冲洗后，对表面进行擦拭处理。

七、齿轮箱本体的定期维护

齿轮箱本体最关键的定期维护就是根据齿轮箱使用说明书规定的周期更换齿轮油。根据油品种类和质量的不同，通常更换周期为3~5年，条件允许的情况可以对油品进行检测，并根据检测结果按质换油。

换油的基本流程：①从放油阀放掉齿轮箱里的油；②放掉过滤器里的存油；③清除齿轮箱中的杂质；④更换滤芯；⑤检查空气滤清器，如有必要则更换；⑥关上所有打开的球阀；⑦开始重新加油，确保油位和颗粒度符合要求。

换油的注意事项：①可以人工换油，也可以采用已经成熟的自动换油车集中更换；②换油前应核实油品的品牌和质量；③建议根据实验室的检测结果按质换油；④如果改变润滑油的类型，应先征得齿轮箱制造企业的同意，齿轮箱和润滑系统必须经过仔细的冲洗，完全排除存油。

第六节　齿轮箱常见故障

风电机组的齿轮箱传动比一般为70~100，由于高速端的转速高，会产生较多的热量。增速齿轮箱在如此高速重载情况下，其故障发生率一般会比较大。表4-5为风力发电机组齿轮箱的主要损坏类型。

表 4-5 齿轮箱的主要损坏类型

损坏部件	故障比例（%）	损坏表现形式
齿轮	60	断齿、点蚀、磨损、胶合、偏心、锈蚀、疲劳剥落等
轴承	19	疲劳剥落、磨损、胶合、断裂、锈蚀、滚珠脱出、保持架损坏
轴	10	断裂、磨损
箱体	7	变形、裂开、弹簧、螺杆折断
紧固件	3	断裂
油封	1	磨损

齿轮箱的故障多发生在齿轮或滚动轴承（齿轮为 60%，轴承为 19%）上，所以对齿轮箱振动的故障诊断中，齿轮和轴承的故障诊断非常重要。另外，齿轮箱的润滑也十分重要，良好的润滑系统能够对齿轮和轴承起到足够的保护作用。

一、齿轮的主要故障

齿轮由于操作运行环境、结构、材料与热处理不同，故障形式也不同，因此了解齿轮的失效形式对诊断齿轮箱故障非常重要。齿轮的失效类型基本可分为两类：一类是制造和装配不善造成的，如齿形误差、齿轮不平衡、轮齿与内孔不同心、各部分轴线不对中等；另一类是齿轮箱在长期运行中形成的失效，此类更为常见。

由于齿轮表面承受的载荷很大，两啮合轮齿之间既有相对滚动又有相对滑动，而且相对滑动摩擦力在节点两侧的作用方向相反，从而产生力的变动，在长期运行中导致齿面发生点蚀、胶合、磨损、疲劳剥落、塑性流动及齿根裂纹，甚至断齿等失效现象。

1. 断齿

齿轮的轮齿在受交变载荷时，齿根处产生的弯曲应力最大，在齿根过渡部分还存在截面突变的现象，这样就会容易在轮齿根部产生应力集中。轮齿在受到交变冲击载荷的情况下，这种应力集中容易在齿根处产生疲劳裂纹，逐渐扩大最终导致轮齿折断。

2. 齿面磨损

在齿轮传动中，有时会因为工作条件的恶化，导致齿面不同程度的磨损。齿轮表面的材料不断摩擦和消耗的过程称为磨损。根据磨损损伤机理可以把齿面磨损细分为正常磨损（跑合磨损）、磨料磨损、过度磨损、干涉磨损、中等擦伤、严重擦伤等。

（1）正常磨损（跑合磨损）。正常磨损是指轮齿工作初期，磨损速度缓慢的不可避免的齿面磨损。这种磨损发生在齿轮运转的早期阶段，粗糙的开式齿轮表面的机加工痕迹逐渐消失，齿面呈光亮状态，常称为跑合磨损，其特点是磨损速度慢，磨损后的表面光亮，没有宏观擦痕。在齿轮的预期使用寿命内，对啮合性能没有不良影响。

（2）磨料磨损。常见齿面磨损的类型为磨料磨损，它是指由于混在润滑剂中的坚硬颗粒（如砂粒、锈蚀物、金属杂质等），在齿面啮合时的相对运动中，使齿面材料发生遗失或错位。齿面上嵌入坚硬的颗粒，也会造成磨料磨损。磨料磨损的形貌特征是：齿面出现不同尺寸的分散凹坑，其边缘比较圆滑。这种损伤类型与润滑无关，且不会持续扩展，但降低了齿轮的接触比例，是开式齿轮传动的主要失效形式。

（3）过度磨损。过度磨损是指由于长期使用性能欠佳的润滑剂，抗磨损性能差，摩擦系数过高，大的滑动摩擦力使齿轮表面快速磨损，从而使齿轮副达不到设计寿命。

过度磨损的形貌特征是：齿轮表面明显粗糙，严重时齿廓失去渐开线形状，通常过度磨损的齿轮伴随着胶合、擦伤等损伤，但由于磨损较快，不易出现裂纹和点蚀。工作齿面材料大量磨掉，齿厚减薄，齿廓形状破坏，常在有效工作齿面与工作齿面的不接触部分的交界处出现明显磨损台阶，磨损率较高时，齿轮达不到设计寿命。

（4）干涉磨损。干涉磨损是指轮齿齿顶或与其啮合轮齿齿根的磨损。它是由齿顶或另一齿轮齿根的过多材料引起的，其结果是刮去和磨去两齿轮轮齿的齿根和齿顶的材料，导致在齿根部挖出沟槽，齿顶部滚圆。

干涉磨损的特点是轮齿根部齿面被挖出沟，与其接触啮合的轮齿顶部被碾挤变形。轻微的干涉只会引起齿面磨损，增加运动噪声。严重的干涉，会由于齿形的严重破坏而导致齿轮的完全失效。

3. 齿面点蚀

当齿面在承受交变载荷时，齿轮啮合，相互接触的齿面受到周期性变化的接触应力的作用，若检出应力超出材料的接触疲劳极限时，齿轮表面会产生细微的疲劳裂纹，最终形成麻点状损伤称为"点蚀"。风电机组的齿轮箱为闭式齿轮传动，在交变载荷的影响下，多发生点蚀失效。早期点蚀的特点为体积小、数目少、分布范围小，但可能会随运行时间增长进一步扩大，数目增加形成扩展性点蚀，造成大块金属脱落，此时称为"剥落"。二者无本质区别，当剥落面积不断增大，剩余齿面不能继续承受外部载荷时，整个齿轮发生断裂，最终导致失效。

4. 齿面胶合

在高速和重载的齿轮传动中，如果两个啮合的齿面在产生相对滑动时润滑条件不良，油膜就会破裂，在摩擦和表面压力的作用下产生高温，使处于接触区内的金属出现局部熔焊，齿面相互啮合时容易黏连，当两齿面继续作相对运动，齿面黏连部位可能会被撕裂，轮齿工作表面形成与滑动方向一致的沟纹，这种现象称为齿面胶合。

胶合分为冷黏合和热黏合，冷黏合的沟纹比较清晰，热黏合可能伴有高温烧伤引起的变色。冷黏合撕伤是在重载低速传动的情况下形成的。由于局部压力很高，油膜不易形成，轮齿金属表面直接接触，在受压力产生塑性变形时，接触点由于分子相互的扩散和局部再结晶等原因发生黏合，当滑动时黏合结点被撕开而形成冷黏合撕伤。热黏合撕伤通常是在高速或重载中速传动中，由于齿面接触点局部温度升高，油膜及其他表面膜破裂使接触区的金属熔焊，啮合区齿面产生相对滑动后又撕裂形成的。

5. 塑性变形

低速重载传动时，若齿轮齿面硬度较低，当齿面间作用力过大，啮合中的齿面表层材料就会沿着摩擦力方向产生塑性流动或者可以理解为卸去施加的载荷后不能恢复的变形，这种现象称为塑性变形。

塑性变形又分为滚压塑变和轮齿锤击塑变，如图 4-5 和图 4-6 所示。滚压塑变是由于啮合轮齿的相互滚压与滑动而引起的材料塑性流动所形成的。由于材料的塑性流动方向和齿面上所受的摩擦力方向一致，所以在主动轮的轮齿上沿相对滑动速度为零的节线处被碾出沟槽，而在从动轮的轮齿上则在节线处被挤出脊棱。轮齿锤击塑变则是伴有过大的冲击而产生的塑性变形，它的特征是在齿面上出现浅的沟槽，且沟槽的取向与啮合轮齿的接触线相一致。提高轮齿齿面硬度和采用高黏度的或加有极压添加剂的润滑油均有助于减缓或防止轮齿产生塑性变形。

图 4-5　轮齿的滚压塑变

图 4-6　轮齿的锤击塑变

二、滚动轴承的主要故障

滚动轴承是传动箱中的另一重要部件，它的失效直接影响到齿轮箱的工作。如轴承出现异常，会产生振动和噪声，同时产生的振动也直接影响齿轮的传动能力。滚动轴承的故障原因很多，主要的故障形式与原因包括疲劳剥落、磨损、塑性变形、腐蚀、断裂、胶合、保持架损坏等。疲劳剥落和磨损是滚动轴承最为常见的两种故障形式。

1. 疲劳剥落

在交变载荷作用下，轴承滚子表面和滚道产生周期变化接触应力。运行一段时间后，首先在接触表面处形成裂纹（该处的剪应力最大），随之发展到接触表面，使表层金属成片剥落。疲劳剥落是滚动轴承故障的主要原因，会造成运转时的冲击载荷，振动加剧。

2. 磨损

杂物的侵入以及滚道和滚子之间存在的相对滑动都可能引起表面的磨损，如果润滑条件不良则会加剧磨损程度。由于磨损量的增大，导致轴承表面粗糙，游隙变大，从而降低轴承运行精度，还将导致振动和噪声的增大。

3. 塑性变形

轴承的转速小于 1r/min 时，其损坏形式主要是塑性变形。在承受冲击载荷，或重载荷、静载荷、落入硬质杂物时，在轴承的滚道与滚子接触面上有时会出现不均匀的凹坑，特别是在低速旋转的轴承上常发生此类故障形式。

4. 腐蚀

当轴承内部有较大电流通过时会引起电化学腐蚀，润滑油或水会引起表面锈蚀，轴承套圈在座孔中或轴颈上微小相对运动可能引起微振腐蚀。

5. 断裂

磨削、重载荷或装配不当等都会引起轴承断裂，在轴承加工处理过程中产生的残余应力过大时也可能造成轴承零件断裂。

6. 胶合

在润滑不良或高速重载下，摩擦发热可能使轴承零件短时内达到很高的温度，在零件表面处可能出现局部烧伤，或者某表面的金属黏附到另一表面上，这种失效方式称为"胶合"。

7. 保持架损坏

由于装配不当或使用不当可能引起保持架变形，增加其与滚动体的摩擦，使得振动、噪声和发热加剧，最终导致轴承的损坏。

三、润滑系统的主要故障

润滑系统的功能是使齿轮和轴承的相对运动部位上保持一层油膜，使零件表面产生的点蚀、磨损、黏连和胶合等破坏最小。润滑系统设计与工作的优劣直接关系到齿轮箱的可靠性和使用寿命。润滑系统的故障形式主要表现在油温过高、油泵过载、齿轮油位低和齿轮油压力低几个方面。

1. 齿轮箱油温高

齿轮箱出现异常高温现象，一般是由于风力发电机组长时间处于满负荷状态，或风力发电机组本身散热系统工作不正常等因素造成的。润滑油因齿轮箱发热而温度上升超过正常值，当出现故障时，应根据具体情况，分析造成齿轮箱油温过高的原因，及时记录有关风力发电机组运行数据，并与正常运行机组对比。同时应采集油样，进行油品分析，看油品是否变质，及时更换润滑油品。若是由于机组设计问题造成的对风力发电机组散热考虑的疏忽，导致风力发电机组在长时间运行时，机舱内散热性能较差，导致齿轮箱油温度上升较快，则应改善机舱内部散热，从而减少齿轮箱油温上升较快的情况发生，或加装齿轮箱润滑油品外循环系统改善机组的运行条件。

2. 润滑液压泵过载

这类故障多出现在冬季低温气象条件下，由于风力发电机组长时间停机，齿轮箱加热元件不能完全加热润滑油品，造成润滑油品黏度变大，当风力发电机组启动，液压泵工作时，电动机过负载。出现该类故障后，应使机组从待机状态下逐步加热齿轮油至正常状态后再启动风力发电机组，避免强行启动机组，以免因齿轮油黏度较大造成润滑不良，损坏齿面或轴承以及润滑系统的其他部件。

另一常见原因是由于部分使用年限较长的机组，油泵电机输出轴油封老化，导致齿轮油进入接线端子盒造成端子接触不良，三相电流不平衡，出现油泵过载故障，更严重时甚至会导致齿轮油大量进入油泵电机绕组，破坏绕组气隙，造成油泵过载。此时，应及时更换油封，清洗接线端子盒及电机绕组，并加温干燥后重新恢复运行。

3. 齿轮箱油位低

齿轮箱油位的监测，通常是依靠一个安装在保护管中的磁电位置开关来完成的，它可以避免油槽内扰动而引起开关的误动作。当齿轮油低于油位下限，磁浮子开关动作。当报警系统显示出齿轮油位低时，运行人员应及时到现场检查齿轮油位，必要时测试传感器功能。不允许盲目复位开机，避免润滑条件不良损坏齿轮箱或者因齿轮箱有明显泄漏点，开机后导致更多的齿轮油外泄。另外，润滑油在齿轮箱外设管路循环时，可能造成齿轮箱本体内油位下降，这种情况一般多出现于新投入使用的机组，需要补加适量润滑油品，但不能过量，过量补加润滑油品会造成润滑油从高速输出轴或其他部位渗漏。

4. 润滑液压泵出口油压低

润滑液压泵出口管路上一般设有用于监控循环润滑系统压力的压力继电器，润滑液压泵出口油压低故障是由该压力继电器发信号给计算机的。润滑液压泵出口油压低可能由液压泵失效和油液泄漏引起。另外，当风力发电机组在满负载运行时，有可能齿轮箱缺油，而齿轮箱油位传感器未动作，当液压泵输出流量小于设定值时，压力继电器也会动作。有些使用年限较长的风力发电机组因为压力开关老化，整定值发生偏移同样会导致该故障，这时需要在压力试验台上重新整定压力开关动作值。

第七节　齿轮箱的振动监测

齿轮箱状态监测与故障诊断是了解和掌握设备使用过程中的状态，确定其整体或局部的正常或异常，发现早期故障并预报故障早期发展趋势的技术。通过故障分析可以降低风力发电机组运行维护成本，提高机组的运行效率和可靠性，还可以为机组的结构优化和改进提供依据。

利用振动监测分析故障的方法可分为简易诊断法和精密诊断法两种。简易诊断可以通过直接判断振动信号的幅值是否超出正常的阈值来检测系统是否发生了故障，其目的是初步判断被列为诊断对象的部件是否出现了故障；精密诊断则需要通过对振动信号运用信号处理方法进行进一步分析，精密诊断的目的是要判断在简易诊断中被认为出现了故障部件的故障类别及原因。

一、振动监测原理

齿轮箱是风力发电机主要传动装置，在风机运行是齿轮箱内部齿轮和轴承等会产生不同的振动信号，在齿轮箱发生故障时，这些器件的振动信号将产生不同变化，而这些非正常的振动信号变化可以表征齿轮箱的不同故障，因此可以通过振动监测的方法进行齿轮箱故障诊断。通过在齿轮箱适当部位安装振动传感器采集振动信号，并对采集到的振动信号进行分析，便可以简单判断齿轮箱的故障类型。

二、振动监测分析方法

齿轮箱振动信号包含了大量丰富的有用信息，当箱体内部的设备轴承、齿轮和轴发生异常故障时，这些信息在齿轮箱振动信号中都会有不同的反映。齿轮箱的机械振动参数比其他参数往往更能直接、快速、准确地反映机组的运行状态，故障分析和诊断案例中常用到的振动监测分析方法如下。

1. 时域分析

时域分析是通过对振动波形的振幅大小、变化速率和波形形状等特征值的观察分析，建立与系统实际运行状况间的对应关系，达到设备故障诊断目的的方法。特征值分析包括信号的最大值、最小值、峰值和有效值等；幅值域分析包括对时域信号的概率密度函数和概率分布函数的分析。

2. 频域分析

频域分析是通过傅立叶变换将复杂时域信号变换到频域中，从而获得信号的频域特征，并以此来判定故障的类型和程度的方法。频域分析法是用于齿轮箱故障诊断的必要工具，因为频谱里包含了故障信号的特征频率和幅值相位等相关信息，可以为诊断故障的部位和原因提供依据。通常可以通过对故障信号进行频域分析，利用各种频域变换工具以频率为横坐标展开数值，从而得到特定的频率所对应的幅值。幅值和频率值与故障类型一一对应，这样就能提取到各种故障类型所对应的故障特征值，方便定位故障部位和判定故障类型。

3. 包络分析

苏联科学工作者在1978年提出了包络分析技术并将其应用于对旋转机械的故障诊断中，包络分析是一种可以有效处理由于机械冲击而引起高频响应的方法，这种方法在故障诊断领域最主要的应用是对滚动轴承的诊断。如今这一技术也被应用于转子和透平机等旋转机械部件的故障诊断中。

在针对齿轮箱的故障数据分析中，包络线法一般被用作报警值，所以它又被称为包络线报警值。其极限报警值不仅仅是频谱中的某个频段，还包括了整个频谱，覆盖了所有频率，并且对频率上细微的峰值点很敏感。

4. 倒谱分析

倒谱分析也被称为二次频谱分析，是现代信号处理科学中的一项新技术，是复杂谱图中检测周期分量的有力工具。

功率谱分析能够从具有周期的复杂随机波形中找到周期信号，但有时我们很难直观的看出一个复杂的功率谱图的特点和变化情况，而使用倒频谱分析就能够显示出振动状态的一些变化，并能够突出功率谱图的一些特点，从而给故障诊断提供有效的依据。

5. 全息谱分析

全息谱分析方法是通过内插技术，精确求解利用自由方式采集到的振动信号的相位值、幅值和频率，并集成设备垂直方向和截面水平振动信号的幅值、频率和相位信息，通过合成的椭圆系列来表示不同频率分量下的设备振动行为。

全息谱方法包括全息谱阵、二维全息谱和三维全息谱。与传统谱分析方法不同的是，它利用运动部件两个相互垂直方向振动之间的相互关系，就可以了解部件的振动全貌，体现了综合分析、全面利用信息的故障诊断思想。

三、齿轮箱典型故障振动信号特征

在齿轮箱故障诊断中，关键在于如何准确地提取典型故障的信号特征，如何根据提取的故障信号的特征选取有效的故障诊断方法。齿轮箱主要包括齿轮、轴、滚动轴承和箱体，因此齿轮箱的故障主要表现为这几个部件的故障。

1. 齿形误差

齿轮的失效形式中，从齿轮故障诊断的角度出发，凡是造成齿轮齿形改变的故障，其振动信号特征大体上差别不大，所以统称为齿形误差。当增速齿轮箱中的齿轮发生齿形误差时，可以通过检测箱体数字振动信号，经过时域、频域和解调谱分析得到其信号特征，齿形误差振动信号特征主要表现在以下几个方面：

（1）在时域上，振动幅值会有不同程度的变大，随着齿形误差程度的增大，幅值也会逐渐增大。

（2）在频谱上，将产生啮合频率调制现象，以故障齿轮所在轴转动频率及其倍频为调制频率，而且在啮合频率及其倍频附近有稀疏的小幅值边频带出现。

（3）齿形误差严重可能会引起的激振能量较大，产生齿轮共振调制。

（4）包络能量（包括峭度指标和有效值）有所增大，振动能量也会增大。

2. 断齿

断齿是齿轮常见的失效形式之一，断齿的振动信号特征主要表现为以下两个方面：

（1）在时域上，振动信号幅值较大，振动的冲击的频率与断齿所在轴的转频相等。

（2）在频谱上，在啮合频率及其高次谐波附近出现数量大、分布宽的边频带；由于冲击能量较大，可能激励起齿轮的固有频率，出现以齿轮各阶固有频率为中心频率，以断齿所在轴的转频及其高次谐波为调制频率的调制边频带。

3. 轴弯曲

轴弯曲会导致增速齿轮箱箱体的振动，进行故障类型判断时也要从箱体的振动信号特征来诊断。轴弯曲时齿轮箱箱体振动信号特征主要表现为以下几个方面：

（1）在时域上，振动呈有规律的变化，幅值会有所增大。

（2）出现以齿轮所在轴转频及其倍频为调制频率的啮合频率调制现象，而且调制边频带数量少而稀。

（3）弯曲的轴上有多对齿轮啮合，可能出现多对啮合频率调制现象。

（4）振动能量有所增加，尤其轴向振动能量增加较大，包络能量也会增加。

4. 轴承疲劳剥落

当风电机组增速齿轮箱轴承内、外环以及轴承滚动体出现疲劳剥落故障时，振动信号特征主要表现为以下方面：

（1）在时域上，振动幅值会增大，有时会带有较明显的周期性。

（2）在频谱上，中高频区外环固有频率附近出现明显的调制现象，出现以轴承转动频率为调制频率的频率调制现象。

（3）滚动轴承故障产生的振动信号能量大小与齿轮或轴系故障产生的能量大小相比，前者要小得多，这给诊断带来了很大的困难。

5. 轴不平衡

齿轮箱中轴不平衡时，振动信号特征主要表现为以下几个方面：

（1）在时域上，振动幅值会增大，并出现周期性变化趋势。

（2）在齿轮传动中也将导致齿形误差，有故障轴的转频成分幅值明显变大。

（3）出现以齿轮所在轴转频为调制频率的啮合频率调制现象，而且调制边频带数量少而稀。

6. 箱体共振

增速齿轮箱箱体共振是增速齿轮箱的一种严重的故障形式，一般由于受到箱体以外其他激励的影响，激发了箱体的固有频率形成箱体共振。箱体共振信号特征主要表现为以下几个方面：

（1）箱体共振时，固有频率的幅值很大，共振幅值会增大，其他频率成分则很小或没有出现。

（2）振动频率为箱体的固有频率。

（3）振动能量有大幅度的增加。

05 第五章

齿轮润滑油

第一节　齿轮润滑油的性能、影响因素及分类

齿轮是机械设备中最主要的一种传动机构，其传递功率范围大，传动效率高，可传递任意两轴之间的运动和动力，它在机械传动及整个机械领域中的应用极其广泛。齿轮经常处于高温、高负荷、多水及多灰尘的污染场合，变速比和齿面单位接触压力大，齿面间局部温度有时高达几百摄氏度，接触状态与负荷在运动中随时发生非连续性变化。齿轮油在润滑系统中起着散热、清洁、润滑等重要作用，因此保持齿面润滑良好是保证其寿命和力矩正常传递的关键。

齿轮油是润滑油三大油品之一，虽然其用量很小，但却广泛应用于工业和车辆的机械润滑中。齿轮润滑油是一种性能优异的润滑油，以石油润滑油或合成润滑油为主，具有良好的抗磨、耐负荷性能和合适的黏度，良好的热氧化安定性、抗泡性、水分离性能和防锈性能，以及一些其他性能，如黏附性、剪切稳定性等。

一、齿轮润滑油的性能

1. 运动黏度

运动黏度是齿轮润滑油最基本的性能。运动黏度过大，形成的润滑油膜较厚，抗负载能力相对较大，但是会造成动力损失。黏度过低，形成的油膜薄、易破裂，引起摩擦齿面的直接接触，促使齿面磨损剧烈、发热，严重时发生烧结。

2. 极压抗磨性

极压抗磨性是齿轮润滑油最重要的性质和特点。齿轮在运动中会发生齿面磨损、擦伤、胶合。齿轮润滑油能有效防止齿轮间的直接接触，降低摩擦，从而减小磨损。在高负荷条件下工作，提高齿轮润滑油的极压抗磨性，能够有效防止齿面在高负荷条件下的擦伤及咬合。提高齿轮润滑油的极压抗磨性普遍采取的措施是加入极压抗磨剂，常用的极压抗磨剂有硫-磷型和硫-磷-氮型。

3. 抗乳化性

齿轮润滑油遇水会发生乳化变质从而影响润滑油膜的形成使齿轮之间发生擦伤、磨损。润滑油的抗乳化性与其洁净程度关系较大，若润滑油中的机械杂质较多，或含有皂类、酸类及生成的油泥等，在有水存在的情况下，润滑油就容易乳化生成乳化液。抗乳化性差的润滑油，其氧化安定性也差。

4. 氧化安定性和热安定性

氧化安定性是指润滑油在长期储存或长期高温下使用时抵抗热和氧化作用，保持其性质不发生永久性改变的能力。由于氧化，润滑油往往会发生游离有机酸含量增大，外观颜色变深，出现异臭味，运动黏度改变的现象。

热安定性也叫热稳定性，可分为物理稳定性和化学稳定性，前者指避免齿轮润滑油

发生吸湿、挥发等方面的能力；后者指延缓齿轮润滑油发生分解、水解、氧化和自行催化反应等方面的能力，两者相互关联。

良好的氧化安定性和热安定性能够保证油品的使用寿命。

5. 抗泡性

抗泡性是润滑油的重要质量指标。润滑油在使用过程中，由于空气存在，常会产生泡沫，尤其是当油品中含有具有表面活性作用的添加剂时，则更容易产生泡沫。生成的泡沫如果不能很快消除将影响齿轮啮合处油膜的形成，使实际处于工作的润滑油量减少，增加磨损；泡沫的存在还会影响散热，使摩擦面发生烧结，促进润滑油氧化变质；还会使润滑系统发生气阻，影响润滑油循环。

6. 防锈和防腐蚀性

齿轮在使用或存放时，大气和润滑油中水分以及其他来源的酸性气体，会对机件造成腐蚀和锈蚀，从而加大摩擦面的损坏。齿轮润滑油可以在齿轮表面形成油膜，从而避免齿轮与水及酸性气体直接接触，防止产生锈蚀、腐蚀。

7. 良好的储存安定性

齿轮润滑油为了增强性能添加了大量的添加剂，其中一些添加剂在低温状态下容易析出，而在高温状态下添加剂之间又有可能发生的相互反应而生成沉淀，降低润滑油的使用性能。因此需要齿轮油具有良好的储存安定性。

二、影响齿轮润滑的因素

1. 温度

温度下降时，润滑油会变稠。温度上升时，则会变稀。因此在低温条件下需要低黏度的润滑油，而在高温条件下则需要厚重的润滑油以防止齿轮之间发生干摩擦。

2. 速度

齿轮滑动和转动的速度越快，齿轮间挤进润滑剂的时间就越少。同时在高速运作下润滑油更易结块变厚。因此，低速用高黏度齿轮油，高速用低黏度齿轮油。

3. 负荷（压力）

高黏度齿轮油比低黏度齿轮油能更有效抵御重负荷以及防止齿轮之间的碰撞。因此，轻负荷需要低黏度的齿轮油，高负荷需要高黏度的齿轮油。

4. 齿轮类型

使用直齿、斜齿、人字齿和伞齿轮副时，使用黏度较小的润滑油就能够使齿轮在滑动和转动过程中形成有效的油膜，减缓啮合轮齿间的直接接触。而在蜗轮蜗杆和双曲面齿轮等非平等轴传动装置上，相对滑动的方向不利于油膜的维持，在这些传动装置上往往会出现边界润滑，因此在蜗轮蜗杆装置和双曲面齿轮传动装置上需要添加黏度较高的润滑油。

三、齿轮润滑油的分类

齿轮润滑油分为工业齿轮润滑油和汽车齿轮润滑油两类，前者用于润滑冶金、煤炭、水泥和化工等各种工业设备的齿轮装置，后者用于润滑各种汽车手动变速箱和齿轮传动轴。

第二节　工业齿轮润滑油

工业齿轮润滑油是指用于高速轻载、高速重载、低速重载三种运动和动力传递的齿轮润滑油，工业齿轮润滑油广泛应用于采矿、冶金、纺织、电力、建筑、机械制造等行业中的圆柱齿轮、斜齿轮、正齿轮、人字齿轮及直、斜、螺旋伞状齿轮等机械传动装置中。最早的工业齿轮润滑油采用残渣油，利用残渣中的硫粉做极压剂，同时加入脂肪酸增大黏附性。此种润滑油可以满足螺旋伞齿轮的润滑要求，但添加剂的溶解性差，稳定性差，腐蚀性大，高负荷下的抗擦伤性差。

20世纪，由于市场要求极压性、安定性以及抗腐蚀性好的齿轮润滑油，同时随着添加剂和生产技术的进步，从而发展了新型的铅皂-硫化油脂（鲸鱼油）系极压剂。这类极压剂抗磨性好，抗腐蚀性好，一直沿用到现在才基本上被硫-磷型极压齿轮润滑油所代替。60年代末期到70年代初期，由于钢铁工业的迅速发展，大量采用高速以及大型设备，对工业齿轮润滑油的质量要求大大提高。

在1968年前后制得一系列性能优于铅皂-硫化脂肪型的硫-磷型极压工业齿轮润滑油。现在多数工业齿轮润滑油都是硫-磷型齿轮润滑油。美国钢铁公司224规格的润滑油为目前世界最高水平的工业齿轮润滑油，该规格不论对油品的极压性能、抗乳化性能、防锈性能还是热氧化性能都要比其他规格更为严格。

一、工业齿轮润滑油的作用

（1）防止和减少齿面间的摩擦和磨损，均匀分布荷载，降低功率损失。

（2）带走摩擦产生的热量，起到冷却的作用。

（3）将齿面与水、空气隔绝，避免生锈、腐蚀及尘袭。

（4）冲走齿面上的磨粒和杂质，起到清洁作用。

（5）减缓齿轮间的冲击，使运动平缓，降低噪声。

二、工业齿轮润滑油的特点

（1）与滑动轴承相比，多数齿轮的齿廓曲率半径小，因此形成油楔的条件差。

（2）经常处于高温、高负荷、多水及多灰尘的污染场合，变速比和齿轮的轮面接触应力非常高。

（3）齿面间既有滚动又有滑动，而且滑动的方向和速度变化急剧。

（4）润滑是断续性的，每次啮合都需要重新形成油膜，形成的油膜条件较差。

三、工业齿轮润滑油的分类

1990 年国际标准化组织发布了 ISO 6743/6 工业齿轮润滑油的分类标准，见表 5-1。根据该标准，工业齿轮润滑油分为开式和闭式两类，开式齿轮润滑油是应用在开式齿轮（齿轮结构暴露在环境中）中的润滑油；闭式齿轮润滑油是应用在闭式齿轮［齿轮结构密封在一个空间里（齿轮箱）］中的润滑油。开式和闭式工业齿轮润滑油共 11 个类别。

表 5-1 工业齿轮润滑油分类

闭式齿轮润滑油	开式齿轮润滑油
CKB：抗氧防锈型	CKG：极压抗磨润滑脂
CKC：中负荷	CKH：抗氧防锈性
CKD：重负荷	CKJ：中负荷开式齿轮润滑油
CKE：蜗轮蜗杆油	CKL：高温极压抗磨润滑脂
CKS：合成型或半合成型	CKM：重负荷开式齿轮润滑油
CKT：合成型或半合成型重负荷	

闭式齿轮润滑油具有优良的极压抗磨性能，可有效防止齿面擦伤、磨损和胶合，保证齿轮运转顺畅；具有优良的氧化安定性和热安定性，保证油品长久的使用寿命；具有优良的防锈、抗乳化性，在齿轮润滑油工作中进水情况下可有效地防止机件腐蚀；具有优良的抗泡沫性，能提供有效的油膜保护，起到良好的润滑、散热作用。代表性的规格为美国钢铁 USS224。

开式齿轮润滑油主要应用在低速重负荷下的特大型旋转设备上，传动齿轮齿面的单位面积负荷高，齿面成线接触，容易产生噪声和振动，因此不仅要求油品具有较高的承载能力，还要求降低摩擦副的摩擦系数；并且开式齿轮润滑油具有良好的黏附能力和内聚性，这是闭式齿轮润滑油无法比拟的。代表性的规格为 AGMA251.02。

四、工业齿轮润滑油的选用

目前，工业齿轮润滑油广泛应用于圆柱齿轮、斜齿轮、正齿轮以及正、斜、螺旋伞型齿轮等传动装置。在市场上存在种类和型号繁多的齿轮润滑油，因此选择适当的工业齿轮润滑油就显得比较重要。

选择工业齿轮润滑油应遵循以下几个原则：

（1）根据齿面接触应力选择工业齿轮润滑油的类型和质量级别。

（2）根据齿轮的线速度选择齿轮润滑油的黏度。速度高的选用低黏度油品，速度低的选用高黏度油品。

（3）注意使用温度。油温高，黏度应大，因此夏季使用黏度高的油品，冬季使用黏度低的油品。

（4）注意齿轮润滑和轴承润滑是否在同一润滑系统，是滚动轴承还是滑动轴承，滑动轴承要求油品黏度较低。

（5）了解所选工业齿轮润滑油的性能指标，如工业齿轮润滑油黏度指数、铜片腐蚀、抗泡沫性、抗乳化性等重要性能指标。

1. 齿轮类型的选择

齿轮类型及润滑油选择见表5-2。

表5-2 齿轮类型及相应润滑油对照

润滑油类型	齿轮类型		
	正齿轮	斜齿轮	涡轮齿轮
CKB	正常负荷	正常负荷	低速轻负荷
CKG	重负荷或冲击负荷	重负荷或冲击负荷	大多数满足要求
CKS	通常不推荐使用	通常不推荐使用	优先使用
CKM	低速开式齿轮	低速开式齿轮	低速

2. 质量等级的选择

质量等级的选择应根据齿轮齿面的接触应力和齿轮类型。按照 GB/T 3480—1997 提供的计算方法计算出的齿面接触应力并且结合齿轮使用情况选择合适的工业齿轮润滑油质量等级，见表5-3。

表5-3 质量等级的选择

齿面接触应力（MPa）	齿轮使用工况	推荐用油质量等级
传动齿轮<350	一般齿轮传动	L-CKB
350～500	一般齿轮传动 有冲击的齿轮传动	L-CKB L-CKC
500～1100	矿井提升、露天采掘机、水泥磨、化工机械、水利电力机械、冶金矿山机械、船舶海港机械等齿轮传动	L-CKC
>1100	冶金轧钢、井下采掘、水泥球磨机等高温有冲击、含水部位的齿轮传动等	L-CKD

3. 黏度等级的选择

黏度等级的选择主要依据齿轮线速度和环境温度两方面的条件。线速度低的一般选择黏度等级较高的齿轮润滑油，线速度高的一般选择黏度等级较低的齿轮润滑油。此外，还应考虑环境温度，环境温度高的可以选择黏度等级较高的工业齿轮润滑油，相反则选择黏度等级较低的齿轮润滑油，见表5-4。

表 5-4   黏 度 等 级 选 择 对 照

线速度 (m/s)	环境温度（℃）			
	−40～−10	−10～10	10～35	35～55
	黏度等级（40℃，mm²/s）			
≤5	100	150	320	680
>5～15	100	100	220	450
>15～25	68	68	150	320
25～80	32	46	68	100

五、齿轮润滑油的常见问题及处理措施

齿轮润滑油的常见问题及处理方式见表 5-5。

表 5-5   齿轮润滑油的常见问题及处理方式

问题	可能原因	改进措施
齿轮锈蚀	（1）缺少防腐防锈剂； （2）油中含水； （3）油品氧化产生酸性物质； （4）油品质量问题	（1）补加防锈剂； （2）经常切水； （3）更换新油； （4）换质量合格的齿轮润滑油
齿轮副过热	（1）油箱中油太多或齿轮供油不足； （2）齿轮润滑油黏度太大； （3）载荷过高； （4）齿轮箱外壳尘地堆积影响放热	（1）控制加油量； （2）降低油品黏度； （3）提高油品质量等级； （4）清洁油箱环境卫生
齿面擦伤	齿面温度高，油膜破裂	换重负荷齿轮润滑油，保持油活性含硫量
齿面烧伤	（1）缺油； （2）载荷过高	（1）提供足够的油量； （2）降低载荷
齿面点蚀	油品黏度太小，齿面粗糙，承载过高	提高齿面光洁度，保持油中含磷量
齿面胶合	（1）齿面粗糙，齿轮副齿合不良； （2）低温启动	（1）改进装配质量； （2）低温启动前预热油
润滑油的黏度增高	齿轮油受到氧化或过热生成大分子物质	使用氧化安定性好的油；更换密封件
润滑油的黏度降低	增黏剂受到剪切作用而变成小分子物质	使用剪切稳定性高的增黏剂
齿面磨损及腐蚀	机械杂质或优品润滑性能不良造成的	（1）过滤清除； （2）换油前彻底清洗油箱、油循环管路和齿轮部件
齿轮润滑油产生泡沫	（1）抗泡剂未分散好或存放稳定性差； （2）油面高度不够； （3）有空气进入或油中含水	（1）补加抗泡剂； （2）提升油箱中加油量； （3）控制空气和水进入油中
齿轮润滑油的沉淀	油品氧化生成油泥、胶质不溶物，添加剂析出	使用深度精制基础油，注意添加剂的相溶性及配伍性

续表

问题	可能原因	改进措施
齿轮润滑油的乳化	油或水中存在着某些既有亲油基又有亲水基的表面活性物质（如羧酸衍生物）时，它们会在温度及浓度适宜时，缔合在一起，形成致密的单分子层，将水包在其中，大量的缔合体均匀地分散在油中，就形成了油包水型乳化液	控制油-水中表面活性物质的存在，破坏将水包在其中的表面活性物质致密的单分子层，是防止和抵抗两相共存体系乳化的根本途径，一般通过使用抗乳化性好的油或补加破乳剂

第三节　车辆齿轮润滑油

车辆齿轮润滑油是用于车辆传动系统润滑油的总称，车辆齿轮油是润滑油的重要产品之一。车辆齿轮润滑油一般用于机械式变速器、驱动桥和转向器齿轮、轴承等零件的润滑，能够起到润滑、冷却、防锈和缓冲的作用。

一、车辆齿轮润滑油的发展

自 1925 年成功研制双曲线齿轮以来，车辆齿轮油取得了较快的发展。第二次世界大战后，为了得到同时具备高速和高扭矩性能的多效齿轮润滑油，引入了含磷极压剂，发展了 S-P-Cl 型多效齿轮油，美军于 1950 年制订了 MIL-L-2105A 规格齿轮油，极压剂在原来的基础上引入了二烷基二硫代磷酸锌，有效增强了高速和高扭矩性能；由于汽车工业不断追求高速度、大马力，需要热安定性和氧化安定性更高的润滑油，1962 年，以 MIL-L-2105B 规格为对象配制出了硫-磷型双曲线齿轮油，这种齿轮油经过多年使用，得到广泛认可，在高速抗擦伤和防锈性以及高速高温耐久性等方面均有显著性的提高。20 世纪 80 年代，能源危机促使各国纷纷致力于能源节约，在齿轮油方面，也采取了一些节能措施，例如添加减摩剂。20 世纪 90 年代，环保发展进入新时期，车辆齿轮润滑油发展出现了 MIL-L-2105D 规格，MIL-L-2105D 的不同之处在于它可以使用再生油作为基础油，并且特别关注基础油和添加剂的毒性，明确规定有潜在致癌风险的物质不得用于配制车辆齿轮润滑油。

二、车辆齿轮润滑油的作用

（1）润滑：降低摩擦阻力，减小齿轮的磨损。

（2）冷却：通过润滑油的循环带走发动机燃烧产生的热量，降低发动机温度。

（3）清洗：通过润滑油循环清洗带走磨损下来的金属碎屑。

（4）密封：密封燃烧室，提高发动机动力性能。

（5）养护：油中添加剂可以在磨损表面形成单分子的化学保护膜，并牢牢地附着在金属表面。

三、车辆齿轮润滑油的特点

（1）齿轮润滑中存在三种润滑方式，即流体动力润滑、弹性动力润滑以及边界润滑。
（2）齿轮和油膜承受的压力较大。
（3）工作温度变化范围大。
（4）齿面的轮面接触应力高。

四、车辆齿轮润滑油的分类

国外分类：一种是按 SAE 黏度分类，分为 7 种牌号，即 70W、75W、80W、85W、90、140、250。带 W 的表示冬季用齿轮润滑油，它是根据齿轮润滑油黏度达到 150Pa·s 的最高温度和 100℃时的最小运动黏度两项指标划分的。不带 W 的为夏季用齿轮润滑油，它是根据 100℃时的运动黏度范围划分的。另外，还有多级油，如 80W/90、85W/90 等。

另一种是根据 API 使用性能分类，依据工作条件划分为 GL-1～GL-5 五级。GL-1～GL-3 的性能要求相对较低，用于一般负荷下的正、伞以及变速箱和转向器等齿轮的润滑；GL-4 用于高速低扭矩和低速高扭矩以及汽车双曲线齿轮传动轴和手动变速箱的润滑；GL-5 的性能水平最高，用于运转条件苛刻的高冲击负荷的双曲线齿轮传动轴和手动变速箱的润滑。

国内分类：我国车辆齿轮润滑油分类也有两种，一种分类标准是参照 SAE 黏度分类，形成我国的 9 级标准，即 70W、75W、80W、85W、80、85、90、140、250，见表 5-6。

表 5-6　　　　　　　　　　我国车辆齿轮油分类标准 I

SAE 黏度等级	达到 150Pa·s 时的最高温度（℃）	运动黏度（100℃，mm²/s）	
		最小	最大
70W	−55	4.1	—
75W	−44	4.1	—
80W	−26	7.0	—
85W	−12	11.0	—
80	—	7.0	11.0
85	—	11.0	13.5
90	—	13.5	24.0
140	—	24.0	41.0
250	—	41.0	—

另一种是我国按照 API 使用性能分类，制定了相应的车辆齿轮油分类标准，见表 5-7。

表 5-7 我国车辆齿轮油分类标准 Ⅱ

代号	名称	API 代号
L-CLC	普通车辆齿轮油	GL-3
L-CLD	中负荷车辆齿轮油	GL-4
L-CLE	重负荷车辆齿轮油	GL-5

五、车辆齿轮润滑油的性能要求

1. 流变性

车辆齿轮润滑油应具有良好的流变性。车辆齿轮润滑油的黏度与承载能力密切相关，随着黏度的增加，润滑油的膜厚度也会增加，有利于齿面的保护，但黏度不是越高越好。齿轮润滑油须具有足够的流动性，齿轮转动时才能将足够的润滑油带到齿面及轴承，起到润滑作用。

2. 良好的承载性

车辆齿轮在混合润滑状态下工作，当低速高扭矩时，润滑油膜很薄，齿面接触区中有相当多的边界润滑成分，不利于油膜的维持。因此，车辆齿轮润滑油应具有良好的承载性。

3. 热氧化安定性

氧化的齿轮润滑油黏度会增加，严重时会生成油泥，影响润滑油的润滑效果；润滑油的氧化还会产生腐蚀性的物质，加速金属的腐蚀和锈蚀；氧化生成的沉淀物是极性物质，润滑油中的添加剂大部分也都是极性化合物，因此添加剂容易吸附在沉淀物上，随沉淀一起从油中析出；沉淀还会影响密封件，使其硬化；沉淀覆盖在零件表面，形成有机物薄膜，影响散热。因此，车辆齿轮润滑油应具有良好的氧化安定性。

4. 抗腐蚀和锈蚀性

齿轮装置中的滑动轴承，同步器中的某些部件是用青铜或其他铜合金制成的，容易与极压剂发生反应而被腐蚀。由于环境的昼夜温差，环境中的水蒸气夜间会在齿轮装置中冷凝成水，因此，车辆齿轮润滑油应具有良好的防锈性。

5. 抗泡性

车辆齿轮在转动过程中易将空气带入油中，形成泡沫。如果泡沫存在于齿轮的齿面上，会破坏油膜的完整性，造成润滑失效；此外，由于泡沫的导热性较差易引起齿面过热，致使油面受到损坏，影响润滑效果；泡沫严重时，润滑油常常会从齿轮箱的通气孔中逸出，造成润滑油的浪费。总之，泡沫对车辆齿轮润滑油百害而无一利，所以齿轮润滑油应具有良好的抗泡性。

六、车辆齿轮润滑油的选用

车辆齿轮润滑油的选用主要根据驱动桥类型、工况条件、负荷及速度等确定油品使用的质量等级，根据最低环境使用温度和传动装置最高操作温度来确定油品黏度等级。

1. 质量等级的选择

中等速度和高负荷的齿轮选用普通车辆齿轮润滑油；低速大扭矩或高速低扭矩齿轮以及使用条件要求不高的准双曲线齿轮选用 GL-4 级润滑油；高速冲击负荷、高速低扭矩和低速高扭矩以及使用条件苛刻的准双曲线齿轮选用 GL-5 级润滑油，见表 5-8。

表 5-8　　　　　　　　　　　　车辆齿轮油质量等级的选择

汽车类型		用油等级
汽油车	微型车	GL-4 或 GL-5
	轻型载重车	GL-4
	中型载重车	GL-4
	重型载重车	GL-4 或 GL-5
柴油车	轻型载重车	GL-5
	中型载重车	GL-4
	重型载重车	GL-4 或 GL-5

2. 黏度等级的选择

黏度等级的选择与齿轮的工作温度和环境温度密切相关，车辆齿轮油的低温黏度决定传动机构低温下的操作性能。一般来说，夏季选用的齿轮油黏度更高一点，冬季选用的黏度相对低一点；在负荷较重、道路条件比较恶劣以及齿轮机械磨损比较严重的情况下，应当选择黏度稍微大一点的车辆齿轮润滑油，见表 5-9。

表 5-9　　　　　　　　　　　　车辆齿轮油黏度等级的选择

黏度级别	使用温度范围
75W	−40℃以上严寒地区冬季
85W/90	−26℃以上地区夏、冬季通用
85W/90，85W/140	−12℃以上地区夏、冬季通用
90	气温不低于−10℃地区全年使用

另外，车辆齿轮油的选用需注意以下原则：

（1）不能将使用级要求较低的齿轮油用在要求较高的车辆上，但是使用级别较高的齿轮油可用在要求较低的车辆上。

（2）GL-3、GL-4、GL-5 三个档级的齿轮润滑油不能互相混用，以免发生设备事故。

（3）不是黏度越高的齿轮油的润滑性能越好。使用黏度太高的齿轮油，将显著增加车辆的燃油消耗，尤其对于高速轿车影响更大，应尽可能使用合适的润滑油。

（4）润滑油用量要适当。过多会增加齿轮运转时的阻力，造成能量损失，用量过少，会降低润滑效果。

06 第六章

风力发电机
齿轮润滑油
及监测

第一节 风机用齿轮油的发展

早在 1877 年，Charles Friedel 和 James Mason Craft 就生产出一种仅含烃分子的合成油，直到 1937 年聚 α 烯烃（PAO）首次被合成成功。20 世纪 70 年代初 Amsoil 和 Mohil 开始把聚 α 烯烃应用到普通民用汽车发动机油中，聚 α 烯烃才被作为润滑油真正开始商业化应用。聚 α 烯烃是一种具有特殊梳状或树杈状结构的链烷烃，其作为合成润滑油的原料具有黏度指数高、倾点低、抗热氧化性能好等优点，因此广泛用于特种润滑领域，如用于压缩机油、齿轮油、高低温液压油、内燃油、润滑脂和汽车自动传动液等。在现代工业应用和生活合成润滑油的基础油中，聚 α 烯烃占 30%～40%。由于聚 α 烯烃基础油的优异性能，国内外大部分油品生产厂商利用聚 α 烯烃基础油来生产风力发电机齿轮油。

一、聚 α 烯烃的分类

聚 α 烯烃按黏度可以分为三类，即低黏度聚 α 烯烃、中黏度聚 α 烯烃和高黏度聚 α 烯烃，低黏度聚 α 烯烃包括 PAO2、PAO4、PAO5、PAO6、PAO8、PAO9 和 PAO10 等；中黏度聚 α 烯烃包括 PAO24 等；高黏度聚 α 烯烃包括 PAO40、PAO100、PAO150、PAO300 等。按单体分类，聚 α 烯烃基础油可以分为聚癸烯、聚十二烯和十与十二混合烯的聚合物，聚癸烯包括 PAO2、PAO4、PAO6、PAO8、PAO25，聚十二烯包括 PAO2.5、PAO5、PAO7、PAO9，十与十二混合烯的聚合物包括 PAO40、PAO100 等。

二、国内外聚 α 烯烃合成润滑油的生产

聚 α 烯烃可作为润滑油基础油，其使用性能与化学结构有着密切的联系。聚 α 烯烃合成油的主要原料是 α 烯烃（C_8～C_{10}，主要是 C_{10}），工业上主要可通过石蜡裂解和乙烯齐聚等方法获得。石蜡裂解法的工艺相对比较简单，欧美和俄罗斯早期曾使用该方法制取 α 烯烃，随着工艺技术的成熟，目前国际上一般以乙烯齐聚的癸烯为原料生产聚 α 烯烃合成油（如埃克森美孚、壳牌等公司）。

聚 α 烯烃的性能决定于所选 α 烯烃的种类、聚合催化剂的类型以及聚合反应的条件和反应产物的后处理等。采用纯度较高的 α 烯烃时，较易得到黏度指数更高、倾点更低的聚 α 烯烃；采用空间定位较好的催化剂，如金属茂催化剂，可以得到结构更规范、黏度更高的聚 α 烯烃，同时聚 α 烯烃的产率也较高。

1. 合成

由线性 α 烯烃（如 1-癸烯）生产聚 α 烯烃的步骤如下：第一步是齐聚，低黏度（v_{100}：2～10mm^2/s）聚 α 烯烃液的生产采用 $BF_3.ROH$ 催化剂系统；高黏度（v_{100}：40～100mm^2/s）的生产则采用齐格勒—纳塔催化剂；第二步是不饱和的齐聚物在金属催化剂

如 Ni 或 Pd 作用下进行聚合。反应式为

$$n\text{RCH=CH}_2 \xrightarrow{\text{催化剂}} \text{H}_3\text{C}-\underset{\underset{R}{|}}{\overset{\overset{H}{|}}{C}}-[\text{CH}_2-\underset{\underset{R}{|}}{\text{CH}}]_{n-2}\text{CH}_2-\underset{\underset{R}{|}}{\text{CH}_2}$$

其中，R＝C_6～C_{10}，n＝3～5。

2. 表征

现代物理仪器可以很好地表征各类合成材料，包括聚 α 烯烃的化学结构，例如高分辨质谱仪、超导核磁共振仪、傅里叶变换红外光谱仪等。对于聚 α 烯烃这类链烷烃的分析，场解吸电离质谱（FDMS）是一种首选的软电离质谱技术，它可以有效地电离聚 α 烯烃的各聚合体。与快原子轰击、基质辅助激光解吸电离等软电离技术相比，它的突出优点是不需要任何基质，主要形成分子离子峰，得到简单的质谱图。与场致电离源（FI）相比，样品电离时无须先汽化，因而适合分析难挥发、高沸点、高相对分子质量、易热解的非极性有机样品。但由于 F1 和 FD 电离源的电离效率较低，无法与大多数高分辨质谱联用，限制了其在油品详细表征中的应用。近年来，快速发展的飞行时间质谱技术（TOFMS）使 FD 与快速色谱（GC）和高分辨质谱的结合成为可能。带有多通道（MCP）检测器的 TOF 能同时对样品中的所有质量离子进行高灵敏度的采集。核磁共振波谱（NMR）与红外光谱（IR）技术能够很好地测定各种烃类化合物的结构基团。在聚 α 烯烃化学结构的研究中，可以借助这两种技术确定聚合物的链结构、残余双键类型等。

某 PAO150 的 FD-TOF MS 图谱如图 6-1 所示。可以看出，聚 α 烯烃样品主要由 1-癸烯聚合而成，聚合度为 2～21，其最强峰为五聚 1-癸烯，二聚及二十一聚癸烯分子峰均较弱；各聚合度聚 α 烯烃几乎都可以检出单烯与链烷烃两类分子。该 PAO150 的 NMR 图谱如图 6-2 所示，该聚 α 烯烃为 1-癸烯共聚物，分子中主要为十碳单体的重复单元。由于 PAO150 的残余烯键很少，所以在其碳谱中未见明显的烯碳。氢谱中可见亚乙烯基（$\text{CH}_2\!=\!\text{C}\diagdown$）的同碳偶合烯氢双峰。聚 α 烯烃及其蒸馏产物的红外光谱如图 6-3 所示，聚 α 烯烃原样中存在极其微量的烯键峰（1643cm^{-1} 和 888cm^{-1} 处）；经高真空度蒸馏后，蒸馏产物在 1643cm^{-1} 和 888cm^{-1} 处的烯键峰显著增强，且馏出物 PAO D-A 的烯键峰远远强于釜残 PAO D-B 的烯键峰，表明蒸馏过程产生大量的裂解产物，并被蒸馏出来。图 6-3 中 1643cm^{-1} 处峰为 C＝C 伸缩振动峰；而 888cm^{-1} 处峰为 C—H 面外弯曲振动峰，该出峰位置表明该双键为亚乙烯基双键（$\text{H}_2\text{C}\!=\!\text{C}\diagup$），进一步证明聚 α 烯烃残余双键的类型，该双键为端烯类，而非内烯类。

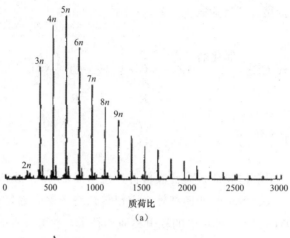

（a）

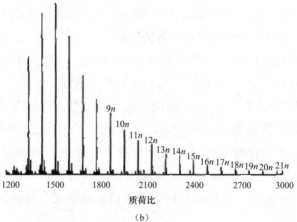

（b）

图 6-1　某 PAO150 的 FD-TOF MS 图谱

（a）全谱；（b）高质荷比区间放大谱

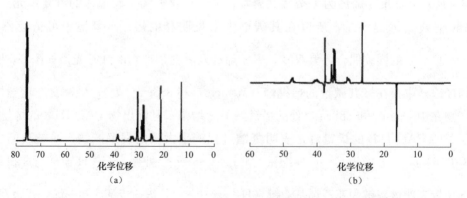

图 6-2　某 PAO150 的 NMR 图谱（一）

(a)^{13}C-NMR；(b)^{1}H-NMR

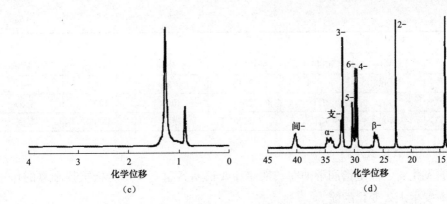

图 6-2 某 PAO150 的 NMR 图谱（二）

(c)^{13}C DEPT-NMR；(d)^{13}C-NMR

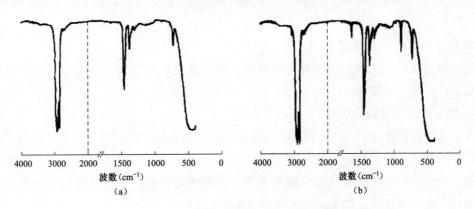

图 6-3 某 PAO150 及其蒸馏产物的红外光谱

(a) PAO 原样；(b) PAO D-A 和 PAO D-B

三、聚α烯烃的性能

1. 聚α烯烃与矿物油物理性质的比较

由表 6-1 可见，聚α烯烃的黏度指数较其他的矿物油要高，黏度高对于基础油的润滑性能会产生至关重要的影响，由于聚α烯烃的润滑性能要比矿物油好，因此被广泛应用于润滑油基础油中。聚α烯烃倾点比矿物油要低，因此要比矿物油具有更为优越的低温流动性，可以调制很多低温要求高的油品，可以在低温条件下使用，很大程度上增加了油品的使用地域范围。

表 6-1 　　　　　　　　聚α烯烃与相同黏度Ⅲ类矿物油的性质比较

项目	4mm²/s		6mm²/s		8mm²/s	
	PAO4	矿物油	PAO6	矿物油	PAO8	矿物油
100℃运动黏度（mm²/s）	4.61	4.62	5.92	6.00	7.86	7.76
黏度指数	131	129	139	133	138	129

项目		4mm²/s		6mm²/s		8mm²/s	
		PAO4	矿物油	PAO6	矿物油	PAO8	矿物油
倾点（℃）		<−66	−24	−54	−21	−48	−21
动力黏度 (mPa·s)	−30℃	1000	1700	2260	4000	4800	8760
	−40℃	3400	15100	6500	凝固	16200	凝固

2. 聚 α 烯烃的氧化安定性

基础油的氧化安定性是指润滑油在长期储存或长期高温下使用时抵抗热和氧的作用，保持其性质不发生永久变化的能力。

在旋转氧弹测试中，高品质的聚 α 烯烃合成基础油达到压降的时间是矿物油的 3～4 倍，是深度加氢基础油的 1.5～2 倍。聚 α 烯烃达到规定的压降的时间长，表明其吸氧少，抗氧化性好。

3. 聚 α 烯烃的低温性能

聚 α 烯烃比同黏度的矿物油具有良好的低温流动性，黏度指数也较高。用作内燃机油，低温启动性十分优异。

4. 聚 α 烯烃的剪切安定性

聚 α 烯烃具有极佳的剪切安定性，以聚 α 烯烃作为基础油的润滑油在剪切作用下可以保持最佳的黏度及相关性能。润滑油的剪切安定性十分重要，如果性能不好，润滑油很有可能在机械零件间润滑的过程中油品变质、性能严重降低。良好的剪切安定性保证了其优越的性能，可满足有高要求的机械润滑及其他应用。

5. 聚 α 烯烃的毒性

聚 α 烯烃是一种纯的饱和烃化合物，不含芳烃和其他基团，具有无毒无味的性能，不会对环境造成污染和破坏，在作为工业润滑油时也不会对工作环境有影响，符合现代绿色环保的需求。此外聚 α 烯烃对皮肤和黏膜无刺激作用，对皮肤的渗透性和营养滋润效果也很好，聚 α 烯烃在化妆品和护肤用品中的应用也变得广泛起来。

第二节 齿轮油监测方法

一、油液分析技术

目前，油液分析技术作为大多数风电企业齿轮箱状态监测的主要手段，主要是利用润滑油作为信息载体，对机械设备使用的油液的物理、化学性能以及油液中所含的磨屑、外来污染物等进行分析的技术。该技术对低速重载、环境恶劣、且以磨损为主要失效形式的机械监测特别有效，有着与其他监测方法如振动监测所无法比拟的优越性。油液分析技术主要通过以下三种方式实现油液监测：一是通过对油液中磨损颗粒的数量、大小、形状、成分及变化趋势的分析；二是通过对理化指标，像水分、运动黏度、酸值、氧化安定性等分析；三是判断油液中污染程度。综合以上三方面数据信息，对齿轮箱运行状态进行评估，实现状态监测。

油液分析技术包括油液理化指标分析技术、光谱分析技术、铁谱分析技术等。其中，油液理化指标分析主要是对油液的运动黏度、氧化安定性、水分、酸值等指标进行分析，从油液化学组成成分、微观分子结构上判断油液是否存在氧化裂解、污染物等润滑性能异常等现象。光谱分析技术可以对油液中的 22 种元素进行定性、定量分析，能够精确地分析油液中的各种元素的成分及含量。该技术有利于磨损趋势分析，但不能识别磨粒的形状、尺寸、磨损部位等信息。铁谱分析技术是 20 世纪 70 年代国际摩擦界研究成功的磨损颗粒分析技术。它能够分析大于 $1\mu m$ 的磨粒，可以迅速分辨出铁类和非铁类磨损颗粒，并对正常磨粒、切削磨粒、剥块、严重磨粒、层状磨粒、氧化物磨粒、有色金属磨粒、摩擦聚合物和纤维等磨损磨粒类别做出判断分析。该技术对摩擦系统的各种磨损故障诊断十分敏感，能够为磨损故障提供早期诊断。其中，直读式铁谱分析技术可以测定油液中磨粒的浓度及尺寸分布，做出定量分析；分析式铁谱分析技术可判定油液中磨粒的化学成分及磨粒来源，做出定性分析。

二、监测手段

（一）理化试验项目及国内外监测方法

风电机组齿轮油检测项目主要有以下几项：

1. 外观

一般来说，润滑油种类不同，颜色外观会表现出差异。颜色淡的润滑油多是由轻质馏分和深度精制基础油生产的油品；颜色深的润滑油多是由重质馏分基础油生产的油品，合成烃型润滑油颜色相对较浅。国内外标准中对于油品外观均采用目测方法，指标为"透明"。

2. 水分

齿轮油中的水分一般以游离水、乳化水和溶解水三种形式存在。一般来说，游离水比较容易去除，而乳化水和溶解水不容易去除。游离水是和齿轮油完全分层的水；乳化水则是指和齿轮油形成乳浊液的水；溶解水是指和齿轮油互相溶解的水，溶解水存在于烃类分子空隙间，与烃类呈均相分布，溶解量取决于油品的化学结构组成和温度。齿轮油中的水分主要是在运输和储存过程中进入的，尽管齿轮油与水很难混合，但是具有一定程度的吸水性，能在与外界环境接触中吸收一部分水。润滑油中水分的存在具有很大的危害性。首先，会降低油膜的厚度和刚度，破坏油膜的承载能力，使润滑效果变差；其次，加速有机酸对金属的腐蚀作用；第三，导致添加剂损失，尤其是金属盐类添加剂；第四，水分的过量存在，也会在合适的温度下，加速油品氧化速度。

目前，国内测试润滑油中的水分的标准主要有《运行变压器油水分测定法（气相色谱法）》（GB/T 7601—2008）和《运行中变压器油和汽轮机油水分含量测定法（库仑法）》

（GB/T 7600—2014）。前者规定了变压器油、汽轮机油和氢冷发电机组用密封油中水分含量的气相色谱测定法，适用于变压器油、汽轮机油和氢冷发电机组用密封油中水分的测定，其他油中水分含量的测定也可参照本标准。后者规定了用库仑法测定运行中变压器油和汽轮机油水分含量的方法，适用于运行中变压器油和汽轮机油水分含量的测定。磷酸酯抗燃油水分含量的测定可参照该方法。国外测试润滑油中水分的标准主要有国际标准化组织 ISO 12937 方法和美国材料实验协会 ASTM D6304 方法。国内风电润滑油水分的测定常用方法是库仑法，该方法具有操作简单，测试速度快、准确、重复性好等特点。

3. 酸值

中和 1g 油试样中的酸性物质所需要的氢氧化钾毫克数称为酸值，用 mgKOH/g 表示。酸值可在润滑油配方研究中用于控制润滑油的质量，也可用于测定油品使用过程中的降解情况（氧化变质）。酸性物质包含油品中酸性物质的总量，如有机酸、无机酸、有机酯、酚类、铵盐和其他弱碱的盐类、多元酸的酸式盐和某些抗氧及清洁添加剂。酸值升高表明油品中存在氧化或者抗氧剂消耗的现象。当油品酸值升高达到一定程度时，应立即更换油品。

国内外测定酸值的方法分为两种，一种是颜色指示剂法，如 GB/T 264、SH/T 0163；另一种是电位滴定法，如 GB/T 7304 和 ASTM D664。前者是根据指示剂颜色的变化来确定滴定终点，变压器油、汽轮机油、抗燃油一般用该方法测定酸值。后者是根据溶液中电位变化来确定滴定终点，目前，一般采用电位滴定法测定风机齿轮油的酸值。

4. 运动黏度

黏度是油品流动性的一种表征，反映了液体分子在运动过程中相互作用的强弱，它是衡量油品油膜强度重要指标，是各种机械设备选油的主要依据。润滑油牌号是根据黏度进行划分的。对于石油产品而言，石蜡基型原油含烷烃成分较多，分子间力的作用相对较小，黏度较低，而环烷基原油含酯环、芳香烃较多，黏度一般较大。但需注意的是油品的流动性并非单决定于黏度，它还与油品的倾点有关。

黏度的度量方法分为绝对黏度和相对黏度两大类。绝对黏度分为动力黏度和运动黏度两种，相对黏度有恩氏黏度、赛氏黏度和雷氏黏度等几种表示方法。运动黏度是油品的动力黏度与同温度下油品的密度之比。黏度等级的选择，主要参考齿轮线速度和环境温度两个方面。一般线速度低的，可选择黏度等级较高的工业齿轮油；线速度高的，要选择黏度等级较低的工业齿轮油。除此之外，要综合考虑使用温度的高低，油温高要选用黏度等级较高的工业齿轮油。对于要求使用温度很高和很低的特殊工业齿轮油，应向设备生产商或润滑油供应商咨询。风电机组齿轮箱根据工况、负载、齿轮的设计，一般选用运动黏度为 320mm²/s 的润滑油，即牌号为 320 的齿轮油。

随着机组运行时间的延长，油品受到老化、污染、受潮等因素的影响，运动黏度会发生改变，而润滑油黏度直接影响着齿轮疲劳寿命，因此为了确保齿轮箱正常的使用寿命，需对润滑油黏度进行常规检测。

国内检测运动黏度的方法有 GB/T 265 和 GB/T 11137。前者是在某一恒定的温度下，测定一定体积的液体在重力下流过一个标定好的玻璃毛细管黏度计的时间，黏度计的毛细管常数与流动时间的乘积，即为该温度下测定液体的运动黏度。后者是测定一定体积的液体在重力作用下流过一个经校准的玻璃毛细管黏度计（逆流黏度计）的时间来确定深色石油产品的运动黏度。两者只是黏度计应用和方法适用范围的不同。目前，一般采用前一种方法测定风机齿轮油运动黏度。

5. 氧化安定性

润滑油抵抗氧化变质的能力叫作润滑油的安定性。润滑油的氧化安定性是反映润滑油在储存、运输和实际使用过程中氧化变质或老化倾向的重要特性。油品在使用过程中，会与空气接触，发生氧化作用，尤其是在温度较高或有金属存在的条件下，会加速油品的氧化过程。油品氧化后，颜色变深，酸度增加，黏度增大。对于工业齿轮油而言，目前测试氧化安定性试验的方法主要有多种，其中一种方法的主要原理是向试样中通入一定纯度的氧气或干燥空气，在金属催化剂存在的作用下，在规定的时间和温度下，测定样品的沉淀值、酸值变化或者黏度的增加值等指标的变化。另外一种方法是旋转氧弹法，是利用一个氧压力容器（氧弹），在水和铜催化剂存在的条件下，在 150℃ 评定具有相同组成（基础油和添加剂）新的和使用中的油品的氧化安定性。不同的油品，选择的方法不同。DL/T 1461—2015 中规定了风机齿轮油氧化安定性使用旋转氧弹法进行测定。表 6-2 中列出了国内外齿轮油测试氧化安定性的不同方法。

表 6-2　　　　　　　　　国内外齿轮油氧化安定性测试方法

国内齿轮油		L-CKB	L-CKC	L-CKD	试验方法	标准
		黏度等级为 320				
氧化安定性	酸值达 2.0mg KOH/g 的时间（h，不小于）	500	不要求	不要求	GB/T 12581	GB 5903
氧化安定性（95℃，312h）	100℃运动黏度增长（%）	不要求	6	6	SH/T 0123	GB 5903
	沉淀值（mL）	不要求	0.1	0.1		
国外齿轮油		Inhibited oil	Antiscuff/antiwear oil	Compounded oil	试验方法	标准
		黏度等级为 320				
氧化安定性	酸值达 2.0mg KOH/g 的时间（h，不小于）	500	不要求	不要求	ASTM D 943 ISO 4263	AGMA 9005-E02
氧化安定性（121℃）	100℃时运动黏度增加最大值	不要求	8	不要求	ASTM D2893	AGMA 9005-E02
氧化安定性（95℃）	100℃时运动黏度增加最大值	不要求	不要求	报告	ASTM D2893	AGMA 9005-E02

6. 抗乳化性

抗乳化性能是工业润滑油重要质量指标之一，又称破乳化性能。在规定的条件下使润滑油与水混合形成乳化液，然后在一定温度下静止，润滑油与水完全分离所需时间，以分钟表示。时间越短，抗乳化性能越好。《工业闭式齿轮油》（GB 5903—2011）中规定了 L-CKB 防锈抗氧型工业齿轮油，L-CKC 中负荷工业齿轮油，L-CKD 重负荷工业齿轮油的抗乳化测试方法是 GB/T 8022，该方法适合测定中、高黏度润滑的油和水互相分离的能力。另外，《石油和合成液水分离性测定法》（GB/T 7305—2003），该方法修改采用美国试验与材料协会标准 ASTM D1401，此标准规定了 40℃ 运动黏度为 28.8～90mm²/s 的油品，试验温度 54℃±1℃。也可用于 40℃ 运动黏度超过 90mm²/s 的油品，但试验温度为 82℃±1℃。电力系统一般采用《运行中汽轮机油破乳化度测定法》（GB/T 7605—2008）评定润滑油的抗乳化性能。

7. 颗粒计数

润滑油的清洁度包含润滑油本身的洁净程度、设备安装、检修时遗留的残渣；油品生产运输及注油过程中产生的尘埃；运行过程中来自外界的粉尘；油液氧化产生的油泥；齿面接触和摩擦产生的磨粒等。油中的固体颗粒是非常有害的，因为固体颗粒会使摩擦副表面产生磨粒磨损，导致轴承或齿面损坏。

风电机组齿轮箱装有旁路过滤系统，采用齿轮传功装置的油循环系统应进行颗粒度监测，确保运行油和补充油的清洁度达到设备要求。油循环系统应装有在线过滤装置，来满足系统需求。如果在线过滤系统无法满足设备清洁度要求，应借助辅助的过滤措施实现。同时，应咨询润滑油和过滤系统供应商确定油品与过滤系统的相容性并决定最佳的过滤速度。

齿轮油清洁度检测采用最多的是在《液压传动油液固体颗粒污染等级代号》（GB/T 14039—2002），该标准修改采用 ISO 4406：1999。在 GB/T 14039 和 ISO 4406：1999 所规定的清洁度中，三个数字分别代表不同颗粒度的清洁度级别，其中第一个数字代表每毫升样品中颗粒直径小于 4μm 的杂质数量级别；第二个数字代表每毫升样品中颗粒直径小于 6μm 的杂质数量级别；第三个数字代表每毫升样品中颗粒直径小于 14μm 的杂质数量级别。数字越大，代表杂质数量越多。和其他行业的要求相比，风电行业对于齿轮箱润滑油清洁度的要求要苛刻许多，这也表明油品清洁度对于齿轮箱的可靠性的重要程度。

《风力发电机组　齿轮箱》（GB/T 19073—2008）的要求规定"风力发电机组试运行 24～72h 后从齿轮箱取出的油的颗粒污染度应不低于 GB/T 14039—2002 中代码—/15/12 的要求"，同时也规定，齿轮箱清洁度水平应不低于 GB/T 14039—2002 规定的代号为 17/15/12 的要求。但考虑到目前风机齿轮箱颗粒度指标远高于 GB/T 14039—2002 中的规定要求，因此 DL/T 1461—2015 中适当放宽了对齿轮箱颗粒度的指标要求。造成齿轮箱颗粒度指标要求远高于 GB/T 14039—2002 中的规定要求的主要原因有三个方面，一是齿轮箱的生产工艺和装配控制方面存在着问题，二是齿轮箱的过滤系统无法实现精细过

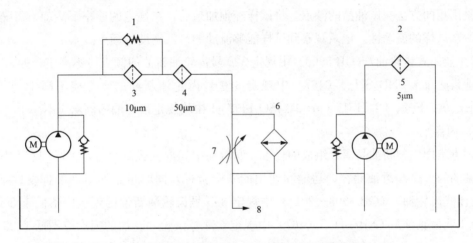

滤，三是大多数风电企业没有采取维护措施或者采取措施不合理。对于火电机组的润滑油，当例行试验发现油品颗粒度超过有关标准规定时，可以通过外接过滤机进行过滤，滤出杂质、水分、细小颗粒物等，而对于风电机组齿轮油，由于其较高的黏度、高处作业等问题，滤油机滤油的方式难度较大。不过现在有一些进行后市场服务的商家也开发了专用滤油机滤油服务，但成本相对较高。

根据《风力涡轮机　第4部分：齿轮箱的设计和规范》（ISO 81400-4—2005）标准的要求，风电机组齿轮箱过滤系统需要在主路上装有一个$10\mu m$的精细过滤器和一个$50\mu m$的压力粗滤器，然后和冷却器连接，在旁路上是一个$5\mu m$的精细过滤器。（见图6-4）这样的过滤系统设计能够保证运行中齿轮箱的清洁度达到18/16/13。但是在《发电厂齿轮用油运行及维护管理导则》（DL/T 1461—2015）中规定了运行中齿轮油的质量指标为≤－/20/17，这主要是与风机齿轮油工作环境、工作方式的复杂性、大量风机齿轮油颗粒度试验数据有关。随着对风电润滑油性能及设备磨损情况之间关联研究的逐渐深入，可能会对该指标进行修正。

图6-4　ISO 81400推荐油路循环、冷却系统、过滤系统方案

1—油系统循环主路；2—系统循环旁路；3—主路过滤器；4—压力粗滤器；5—旁路过滤器；

6—冷却器；7—热旁路价值；8—通向润滑系统

目前国内运行的大部分风电机组，都只装有一个主路过滤器，并没有设计旁路精细过滤器，尽管部分制造商将过滤系统滤芯精度调至$7\mu m$，但是依然无法达到相关标准要求。有研究建议在风电机组上加装更加精细，更加高效的过滤器以保证更优的清洁度，确保齿轮箱和风电机组运行的可靠性。研究表明，将过滤器精度从$10\mu m$提升到$3\mu m$后，可以延长轴承寿命的50%。当然过滤器的选择并不是越精细越好，太精细的过滤器有可能会过滤掉齿轮油中的部分添加剂，导致润滑油的性能急剧下降，影响齿轮箱的稳定运行。同时过于精细的过滤器其流量较小，无法满足冷却器的要求。

过滤器除了滤芯精度外，还有三个重要的指标，即过滤比、过滤效率和纳垢容量。过滤比用β值表示，是指过滤器上游油液中单位容积中大于某给定尺寸的污染物颗粒数与

风力发电机润滑系统

下游油液中单位容积中大于同一尺寸的污染物颗粒数的比值。例如，1 个 β_3 值为 1000 的过滤器表示此 $3\mu m$ 的过滤器能够一次过滤掉 99.9% 的杂质。过滤效率反映过滤器滤除油液中污染颗粒的能力。纳垢容量则表示过滤器容纳杂质的能力，相同情况下纳垢容量越大的过滤器，其更换周期越长。因此，各风电企业在选择过滤器时，应充分考虑过滤器滤芯精度、β 值、过滤效率和纳垢容量等指标对过滤效果的影响。对于风电齿轮箱过滤系统的选择，有建议采用主路 $5\sim7\mu m$ 过滤器，旁路 $3\mu m$ 过滤器的设计，一般 β 值都要求在 200 以上。

8. 倾点

倾点在规定的试样条件下，被冷却的试样能够流动的最低温度，是评价润滑油低温使用性能的重要指标。润滑油的倾点主要与油品的化学成分有关。一般认为，润滑油的倾点温度要比设备运行环境的最低温度低 5℃。风电机组尤其在严寒地区的机组，对油品的低温性能提出了明确的要求。

国内外测量倾点的主要方法分别有 GB/T 3535、ASTM D97 和 ISO 3016。三个标准均是采用相同方法测试油品的倾点。将试样经预加热后，在规定的速率下冷却，每隔 3℃ 检查一次试样的流动性。记录观察到试样能够流动的最低温度为倾点。

《工业闭式齿轮油》（GB 5903）中规定 320 号齿轮油新油的倾点应不高于 -9℃，《合成工业齿轮油》（NB/SH/T 0467）中规定 320 号齿轮油新油的倾点应不高于 -30℃，AGMA 9005-E02、DN51517 Part 3、ISO 12925-1 中均规定齿轮油的倾点应不高于 -9℃。

9. 闪点

闪点是用以判断油品馏分组成的轻重。润滑油中如混入轻质组分，油品闪点会降低。润滑油的闪点是润滑油储存、运输和使用的安全指标，同时也是润滑油的挥发性指标。《工业闭式齿轮油》（GB 5903—2011）中规定 320 号齿轮油新油的闪点应不低于 200℃。《合成工业齿轮油》（NB/SH/T 0467）中规定 320 号齿轮油新油的闪点应不低于 230℃，AGMA9005-E02、DN51517 Part 3、ISO 12925-1 中均规定齿轮油的闪点应不低于 200℃。

闪点的测定方法分为开口杯法和闭口杯法。前者用以测定重质润滑油的闪点，后者用以测定闪点在 150℃ 以下的轻质润滑油的闪点。对于工业齿轮油采用的是开口杯法测定，国内外测试标准有 GB/T 3536、ISO 2592 和 ASTM D92。

10. 铜片腐蚀

一种测定油品腐蚀性的定性方法。主要测定油品有无腐蚀金属的活性硫化物和元素硫。该方法主要原理是将已磨光的标准尺寸的铜片浸入一定量的油中，并按产品标准要求加热到指定的温度，保持一定时间，结束后，将铜片洗涤后与腐蚀标准色板进行比较，确定腐蚀级别。

GB 5903—2011 中规定 320 号齿轮油新油的铜片腐蚀结果不应大于 1。《工业闭式齿轮油换油指标》（NB/SH/T 0586）中规定铜片腐蚀结果≥3b。《发电厂齿轮用油运行及维护管理导则》（DL/T 1461—2015）中规定了风机齿轮油铜片腐蚀结果的指标应≤2a。

国内外铜片腐蚀测试标准分别为 GB/T 5096—2017 和 ASTM D130，两个标准的方法等效。

11. 液相锈蚀

液相锈蚀是评价油品与水混合时对铁部件的防锈能力。主要是通过将油试样与蒸馏水或合成海水混合，把圆柱形的试验钢棒全部浸入其中，在 60℃ 下进行搅拌 24h 后，观察试验钢棒锈蚀的痕迹和锈蚀的程度。国内采用的是 GB/T 11143—2008，试验周期为 24h，而美国试验协会标准 ASTM D665-03 中建议的试验周期为 4h。

12. 泡沫特性

在高速齿轮、大容积泵送和飞溅润滑系统中，润滑油生成泡沫的倾向是一个非常严重的问题，可以引发润滑不良、气穴现象和润滑剂的溢流损失，导致机械故障。

GB 5903—2011 中规定了 L-CKB、L-CKC、L-CKD 齿轮油新油的泡沫特性指标。目前，对于运行齿轮油中的泡沫特性指标无具体要求，只有 DL/T 1461—2015 中规定了运行中风机齿轮油的泡沫特性的具体指标。

13. Timken 机试验

极压性能试验是考察齿轮油负荷能力的重要试验项目。试验方法有四球机试验法、梯姆肯（Timken）试验机法、FZG 齿轮试验机法、爱斯爱意（SAE）试验机法、法莱克斯（Falex）试验机法和阿尔门（Almen）试验机法。

GB 5903—2011、NB/SH/T 0586 中均规定了用 Timken 机试验方法对齿轮油极压性能进行评价。NB/SH/T 0586 中规定 L-CKD 齿轮油的梯姆肯 OK 值[1]≤178N 时换油，L-CKC 齿轮油的梯姆肯 OK 值≤133.4N 时换油，GB 5903—2011 中规定新齿轮油的梯姆肯 OK 值应不小于 267N。DL/T 1461—2015 中规定了运行中风机齿轮油的质量指标应不小于 222.4N。

14. 四球机试验

四球机试验是评价润滑油承载能力的指标，包括最大无卡咬负荷、烧结负荷、综合磨损指数、磨斑直径等。

极压四球试验机于 1933 年由 Boerlage 设计，用来研究各类型润滑剂的承载能力。1962 年 ASTM D 技术委员会提出了相应的标准试验方法 ASTM D2783 和 ASTM D 2596。目前，针对润滑油的标准中采用四球机试验方法的有 GB/T 3142、GB/T 12583、SH/T 0189 和 ASTM D2783。

15. 油泥析出试验

油泥可以表征油品的老化程度。其原理是利用油泥在溶剂（正庚烷）和老化油中的溶解度不同，来判断油中是否有油泥析出，进一步判断油品的是否有老化现象。采用的试验方法为《电力系统油质试验方法　油泥析出测定法》（DL/T 429.7—1991）。

---

[1] OK 值指的是测定润滑剂承压能力过程中，没有引起刮伤或卡咬时所加负荷的最大值。

《发电厂齿轮用油运行及维护管理导则》(DL/T 1461—2015) 中规定的运行齿轮油的检测项目、方法及指标,具体情况见表 6-3。

表 6-3　　　　　　　　　　　运行中风机齿轮油检测项目及试验方法

序号	项目		质量指标	检验周期	试验方法
1	外观		均匀、透明、无可见悬浮物	3 个月	外观目视
2	运动黏度 (40℃,mm²/s)		288～352	每年	GB/T 265—1988
3	倾点 (℃)		与新油原始值比不低于 5℃	必要时①	GB/T 3535—2006
4	闪点 (开口,℃)		≥195℃,且与新油原始值比不低于 5℃	必要时①	GB/T 3536—2008
5	颗粒污染度 (GB 14039,级)		≤—/20/17	每年	DL/T 432—2007
6	酸值增加值 (以 KOH 标定,mg/g)		≤0.8	每年	GB/T 7304—2014
7	水分 (mg/L)		≤1000	每年	GB/T 7600—2014
8	铜片腐蚀 (100℃,3h,级)		≤2a	必要时①	GB/T 5096—2017
9	液相锈蚀 (蒸馏水)		无锈	必要时①	GB/T 11143—2008
10	旋转氧弹 (150℃,min)		报告试验数据,与新油对比	每两年	SH/T 0193—2008
11	泡沫性 (泡沫倾向/泡沫稳定性,mL/mL)	程序Ⅰ24℃	≤500/10	必要时①	GB/T 12579—2002
		程序Ⅱ93.5℃	≤500/10		
		程序Ⅲ后 24℃	≤500/10		
12	Timken 机试验 [OK 负荷,N(lbf)]		≥222.4 (50)	必要时	GB/T 11144—2001
13	四球机试验 烧结负荷 (P_D) [N(kgf)] 综合磨损指数 [N(kgf)] 磨斑直径 (196N,60min,54℃,1800r/min,mm)		报告	每两年	GB/T 3142—1982
14	光谱元素分析		与新油的各项数据进行对比,并跟踪报告异常结论	每年	GB/T 17476—1998
15	油泥析出试验		无	每年	DL/T 429.7—1991

① 指油的颜色、外观异常,乳化、补油后等情况。

(二) 光谱元素分析技术

目前,电感耦合等离子发射光谱法是应用最广泛的光谱元素分析技术之一。它是将电感耦合等离子体（ICP）作为激发光谱的分析方法，也是光谱分析研究最为深入、最有效的分析手段之一。

1. 原理

发射光谱分析法是指通过分析物质发射光谱的波长和强度来进行定性和定量的分析方法。它是因物质的原子、离子或分子通过电致激发、热致激发或光致激发等激发过程获得能量，变为激发态原子或分子，再由较高能态的激发态向较低能态或基态跃迁而产生的光谱，如图 6-5 所示。电感耦合等离子发射光谱是利用原子发射光谱特征谱线及强度提供的信息进行元素分析和含量分析，具有多元素同时、快速、直接测定的优点，在润滑油品监测中发挥着重要的作用，也是不可或缺的分析手段。

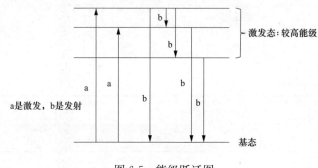

图 6-5　能级跃迁图

2. 等离子体

等离子体（plasma）是由部分电子被剥夺后的原子及原子团被电离后产生的正负离子组成的离子化气体状物质，广泛存在于宇宙中，常被视为物质的第四态，被称为等离子态，或者"超气态"，也称"电浆体"。等离子体是由克鲁克斯在 1879 年发现的，1928 年美国科学家欧文·朗缪尔和汤克斯（Tonks）首次将"等离子体"（plasma）一词引入物理学，用来描述气体放电管里的物质形态。

物质由分子构成，分子由原子构成，原子由带正电的原子核和带负电的核外电子组成。当物质被加热到足够高的温度时，外层电子摆脱原子核的束缚电离为自由电子，这时物质就变成了由带正电的原子核和带负电的电子组成的一团均匀的"糨糊"，因此人们戏称它为离子浆，这些离子浆中正负电荷总量相等，近似电中性的，所以称为等离子体。等离子分为高温等离子体（$\gg 1\times 10^5$℃）和低温等离子体。

电感耦合等离子体发射光谱分析是以射频发生器提供的高频能量加到感应耦合线圈上，并将等离子炬管置于该线圈中心，因而在炬管中产生高频电磁场，用微电火花引燃，使通入炬管中的氩气电离，产生电子和离子而导电，导电的气体受高频电磁场作用，形成与耦合线圈同心的涡流区，强大的电流产生的高热，从而形成火炬形状的并可以自持的等离子体，由于高频电流的趋肤效应及内管载气的作用，使等离子体呈环状结构。

3. 检测元素

ICP 光谱法可检测元素见图 6-6。

在对润滑油中的元素进行检测分析时，考虑到元素间光谱干扰，建议选择如表 6-4 所示的发射光谱的波长进行定性及定量分析。

图例：
1 氢 H 1.0079	ICP不可测量元素
4 铍 Be 9.012	ICP光谱仪可测量元素

ICP 光谱法可检测元素周期表：

1 氢 H 1.0079																	2 氦 He 4.0026
3 锂 Li 6.941	4 铍 Be 9.012											5 硼 B 10.811	6 碳 C 12.011	7 氮 N 14.007	8 氧 O 15.999	9 氟 F 18.998	10 氖 Ne 20.17
11 钠 Na 22.989	12 镁 Mg 24.305											13 铝 Al 26.982	14 硅 Si 28.085	15 磷 P 30.974	16 硫 S 32.06	17 氯 Cl 35.453	18 氩 Ar 39.94
19 钾 K 39.098	20 钙 Ca 40.08	21 钪 Sc 44.956	22 钛 Ti 47.9	23 钒 V 50.9415	24 铬 Cr 51.996	25 锰 Mn 54.938	26 铁 Fe 55.84	27 钴 Co 58.9332	28 镍 Ni 58.69	29 铜 Cu 63.54	30 锌 Zn 65.38	31 镓 Ga 69.72	32 锗 Ge 72.5	33 砷 As 74.922	34 硒 Se 78.9	35 溴 Br 79.904	36 氪 Kr 83.8
37 铷 Rb 85.467	38 锶 Sr 87.62	39 钇 Y 88.906	40 锆 Zr 91.22	41 铌 Nb 92.9064	42 钼 Mo 95.94	43 锝 Tc 98.91	44 钌 Ru 101.07	45 铑 Rh 102.906	46 钯 Pd 106.42	47 银 Ag 107.868	48 镉 Cd 112.41	49 铟 In 114.82	50 锡 Sn 118.6	51 锑 Sb 121.7	52 碲 Te 127.6	53 碘 I 126.905	54 氙 Xe 131.3
55 铯 Cs 132.905	56 钡 Ba 137.33	57-71 镧系	72 铪 Hf 178.4	73 钽 Ta 180.947	74 钨 W 183.8	75 铼 Re 186.207	76 锇 Os 190.2	77 铱 Ir 192.2	78 铂 Pt 195.08	79 金 Au 196.967	80 汞 Hg 200.5	81 铊 Tl 204.3	82 铅 Pb 207.2	83 铋 Bi 208.98	84 钋 Po (209)	85 砹 At (201)	86 氡 Rn (222)
87 钫 Fr (223)	88 镭 Ra 226.03	89-103 锕系	104 卢 Rf (261)	105 杜 Db (262)													

镧系	57 镧 La 138.905	58 铈 Ce 140.12	59 镨 Pr 140.91	60 钕 Nd 144.2	61 钷 Pm 147	62 钐 Sm 150.4	63 铕 Eu 151.96	64 钆 Gd 157.25	65 铽 Tb 158.93	66 镝 Dy 162.5	67 钬 Ho 164.93	68 铒 Er 167.2	69 铥 Tm 168.934	70 镱 Yb 173.0	71 镥 Lu 174.96
锕系	89 锕 Ac 227.03	90 钍 Th 232.04	91 镤 Pa 231.04	92 铀 U 238.03	93 镎 Np 237.05	94 钚 Pu 244	95 镅 Am 243	96 锔 Cm 247	97 锫 Bk 247	98 锎 Cf 251	99 锿 Es 254	100 镄 Fm 257	101 钔 Md 258	102 锘 No 259	103 铹 Lr 260

图 6-6 ICP 光谱法可检测元素

表 6-4   建议波长

元素	波长（nm）				
Al	308.22	396.15	309.27		
Ba	233.53	455.40	493.41		
B	249.77				
Ca	315.89	317.93	364.44	422.67	
Cr	205.55	267.72			
Cu	324.75				
Fe	259.94	238.20			
Pb	220.35				
Mg	279.08	279.55	285.21		
Mn	257.61	293.31	293.93		
Mo	202.03	281.62			
Ni	231.60	277.02	221.65		
P	177.51	178.29	213.62	214.91	253.40
K	766.49				
Na	589.59				
Si	288.16	251.61			
Ag	328.07				

续表

元素	波长（nm）				
S	180.73	182.04	182.62		
Sn	189.99	242.95			
Ti	337.28	350.50	334.94		
V	292.40	309.31	310.23	311.07	
Zn	202.55	206.20	313.86	334.58	481.05

注 这些波长仅为建议，并不代表全部可能的选择。

4. 标准方法

国家标准《使用过的润滑油中添加剂元素、磨损金属和污染物以及基础油中某些元素测定法》（GB/T 17476—1998）是国内普遍采用用来对油液中磨损元素含量、添加剂含量、污染颗粒含量以及基础油或再生基础油中各种元素含量等进行分析的方法。该方法比原子吸收光谱法和X荧光光谱法能提供更多、更完整的元素分析试验数据，适用于测定油溶性金属，而不意味着可定量测定或检出不溶性的金属粒子，其分析结果取决于颗粒度的大小，当金属颗粒大于几个微米时，就会使测量结果偏低。

目前，风电机组齿轮箱润滑油中各种光谱元素含量并无相关指标要求，但是不同的设备或润滑油厂家均给出了不同的建议指标。表6-5为国外某润滑油生产厂家给出的各种光谱元素含量建议值。在《工业闭式齿轮油换油指标》（NB/SH/T 0586—2010）中规定了L-CKD中铁含量的换油指标为200mg/kg。

表6-5 国外某润滑油生产厂家给出的各种金属元素含量建议值 mg/kg

元素种类	低行动值	低警戒值	典型值	高警戒值	高行动值
Fe	—	—	<1	75	200
Cr	—	—	<1	15	20
Ni	—	—	<1	8	10
Al	—	—	<1	25	50
Cu	—	—	<1	50	75
Pb	—	—	<1	25	50
Sn	—	—	<1	8	10
Ag	—	—	<1	8	10
Ti	—	—	<1	8	10
V	—	—	<1	8	10
Si			15	30	50
Na	—	—	<1	15	20
K			3	15	20
Mo			<1	15	20
B			37	50	75
Mg			<1	15	20

元素种类	低行动值	低警戒值	典型值	高警戒值	高行动值
Ca	—	—	1	15	20
Ba	—	—	<1	15	20
P	144	192	404	—	—
Zn	—	—	<1	15	20

（三）铁谱分析技术

铁谱分析技术是 20 世纪 70 年代开始发展起来的油液监测与分析技术。它是利用高梯度强磁场和重力场的作用，从油样中分离出磨粒颗粒，并借助于其他仪器分析磨粒的形状、大小、数量、成分等特征，从而对机械设备的运转状况、关键零部件的磨损状态进行分析判断。铁谱分析技术主要包括三步：一是制样过程，即铁谱片的制作、磨粒图像获取；二是磨粒的识别，即磨粒图像处理、特征提取；三是基于磨粒特征的机器状态判断分析和故障诊断。

根据分离和检测磨粒的方法不同，常用的铁谱仪可分为分析式铁谱仪和直读式铁谱仪。分析式铁谱仪是在高梯度磁力和重力联合作用下将油样中的磨粒按尺寸大小有序沉积在玻璃基片上，制成铁谱片，然后利用铁谱显微镜等分析仪器对磨粒进行定性、定量分析的设备。直读式铁谱仪是在重力和磁力的作用下将磨粒有序沉积在沉积管内，利用光电转换原理，分析出油样品中大磨粒浓度和小磨粒浓度的 DL（大磨粒光密度值）和 DS（小磨粒光密度）值，从而建立机械设备磨损趋势曲线，判断设备磨损变化的进程和磨损趋势。

铁谱分析技术的手段主要采用人工方法对铁谱图片进行分析，判断设备或系统的状态，但是由于磨粒产生的复杂性、随机性等原因，对专业分析人员提出了更高的要求。近几年，美国斯派超公司开发出了智能磨粒分析仪，集颗粒计数、磨粒智能分类、铁磁性颗粒浓度及数量功能于一体的设备，可进行多参数检测，并实现了磨粒形貌智能识别功能。

第三节　风电机组主要部件的润滑要求

双馈式风力发电机采用的是交流励磁电机，由于这种电机的发电转速比风机风轮的转速要高很多，二者转速不匹配，所以这种技术的风力发电机上都需要配备增速齿轮箱。双馈式风机润滑部位包括齿轮箱、液压刹车系统、叶片轴承、主轴承、发电机轴承、偏航系统轴承、偏航齿轮等。

一、增速齿轮箱

齿轮箱是双馈式风力发电机的主要润滑部位，用油量占风力发电机用油量的 3/4 左右。齿轮箱可以将很低的风轮转速（600kW 的风力发电机通常为 27r/min）变为很高的发电机转速（通常 1500r/min），多采用油池飞溅式润滑或压力强制循环润滑。

由于风力发电机多安装在偏远、空旷、多风地区，如我国的新疆、内蒙古及沿海等地区，增速齿轮箱的工作环境温度变化大，沿海湿度大，加上较大的扭力负荷及负荷不恒定性，同时风场一般处于相对偏远的地区，维修不便，因此要求风机齿轮油具有良好的极压抗磨性能、热氧化安定性、水解安定性、抗乳化性能、黏温性能、低温流动性能以及较长的使用寿命，还应具有较低的摩擦系数以降低齿轮传动中的功率损耗。

二、发电机轴承及主轴承

发电机轴承的工作特点为相对高速、轻载、高温，因此对润滑脂的性能要求多为在能够减少摩擦阻力、降低运转温度的同时，满足轴承运转的低噪声需求。由于电机的轴承再润滑困难，有时也选用合成型长寿命润滑产品。

根据主轴承结构布置上的差异，可分为用润滑油润滑和用润滑脂润滑。目前多采用润滑脂润滑，要求润滑脂具有良好的承载能力、黏度性能和防腐性能。风力发电机组夏日在旷野地带受太阳直射，机舱内的温度会很高，通常在 20～40℃，此时需考虑所选润滑脂的高温使用性能；纬度较高的地区，冬季机舱内的温度会低至－30℃左右，此时需要考虑润滑脂的低温启动性能，用低温启动力矩测试性能来表示。

三、偏航系统与变桨系统的轴承和齿轮

大型风力发电机常采用电动的偏航系统来调整机组并使其对准风向，使风轮扫掠面积总是垂直于主风向，以得到最大的风力利用率。偏航系统一般包括感应风向的风向标、偏航电机、偏航行星齿轮减速器、回转体大齿轮等。

偏航系统驱动电机速度不高，偏转轴承和齿轮承受的负荷较大，回转体大齿轮一般为开式结构，自身产生热量相对少，受湿气、灰尘、温度等环境因素影响大。主要润滑部位是开放式的回转体大齿轮，使用的润滑脂要求具有优良的极压抗磨性能、低温性能、黏附性能和防腐蚀性能。国外一般推荐使用含固体添加剂的低温润滑脂，要求在－40℃以下仍能有效润滑。

偏航减速器的工作特点是间歇工作，启停较为频繁，传递扭矩较大，传动比高。多采用蜗轮蜗杆机构或多级行星减速机构。一般推荐低温性能好、黏温指数高、极压抗磨性能和抗氧化性能好的合成型齿轮油。部分大功率的风力发电机上配有变桨控制系统，它的润滑需求与偏航控制系统相似，油品选型要求也基本一致。

四、液压刹车系统

当风速超快、振动过大、电机温度过高、刹车片磨损等故障时，通过变速传动机构中的液动制动装置的动作来实现紧急停机。可以看出安全液压制动系统在保证风力发电机组正常运行发电、防止事故发生、对风机起动和停机控制起着不可或缺的作用。刹车

系统的动力来自液压制动系统，推动高速主轴上圆盘式刹车等执行动作，属于失效—安全保护模式。

风力发电机液压刹车系统采用全寿命油润滑，要求油品具有良好的黏温性能、防腐防锈性能及优异的低温性能、过滤性能，以适应高空寒冷或沿海地区的潮湿环境。目前普遍推荐低温抗凝、高黏度指数的低凝型抗磨液压油。

第四节　风电机组齿轮油选用与保养

一、润滑油的选用

齿轮设备制造商在设备说明书或相关手册中规定了设备使用润滑油的品种牌号，目前，国内风电企业大多数选用牌号为 320 的壳牌、美孚、福斯等润滑油，也有少数企业选用嘉实多润滑油。润滑油的选择对设备运行安全、寿命长短至关重要。

由郑州机械研究所起草、中国机械联合协会发布的机械行业标准《工业闭式齿轮的润滑油选用方法》（JB/T 8831—2001）于 2001 年正式实施，该标准参照采用美国齿轮制造者协会标准《工业齿轮的润滑》（ANSI/AGMA9005—D94），对《工业齿轮润滑油选用方法》（JB/T 8831—1999）进行的修订。标准中规定了工业闭式齿轮的润滑油选用方法，包括选择润滑油的种类、黏度以及润滑方式。标准中规定的选用方法适合于渐开线圆柱齿轮、圆弧圆柱齿轮及锥齿轮，其转速应低于 3600r/min 或节圆圆周速度不超过 80m/s 的齿轮传功系统的润滑油选用方法。

1. 润滑油种类的选择

对于渐开线圆柱齿轮齿面接触应力 σ_H 按式（6-1）计算，式中具体参数的选择及计算按 GB/T 3480—2008 的规定。

$$\sigma_H = Z_H Z_E Z_\epsilon Z_\beta \sqrt{\frac{F_t}{d_1 b} K_A K_V K_{H\beta} K_{H\alpha} \frac{u \pm 1}{u}} \tag{6-1}$$

对于锥齿轮齿轮接触应力 σ_H 按式（6-2）计算，式中具体参数的选择及计算按 GB/T 10062—2003 的规定。

$$\sigma_H = Z_H Z_E Z_\epsilon Z_\beta Z_K \sqrt{\frac{F_{mt}}{d_{v1} b_{eH}} K_A K_V K_{H\beta} K_{H\alpha} \frac{u_v + 1}{u_v}} \tag{6-2}$$

对于双圆弧齿轮齿面接触应力 σ_H 按式（6-3）计算，式中具体参数的选择及计算按 GB/T 13799—1992 的规定。

$$\sigma_H = \left(\frac{T_1 K_A K_V K_1 K_{H2}}{2\mu_\epsilon + K_{\Delta\epsilon}}\right)^{0.73} \frac{Z_E Z_u Z_\beta Z_\alpha}{z_1 m_n^{2.19}} \tag{6-3}$$

根据计算出的齿面接触应力和齿轮使用工况，参考表 6-6 即可确定工业闭式齿轮油的种类。

表 6-6 工业闭式齿轮润滑油种类的选择

条件		推荐使用的工业 闭式齿轮润滑油
齿面接触应力 σ_H（N/mm²）	齿轮使用工况	
＜350	一般齿轮传动	抗氧防锈工业齿轮油（L-CKB）
350～500 （轻负荷齿轮）	一般齿轮传动	抗氧防锈工业齿轮油（L-CKB）
	有冲击的齿轮传动	中负荷工业齿轮油（L-CKC）
500～1100* （中负荷齿轮）	矿井提升机、露天采掘机、水泥磨、化工机械、水力电力机械、冶金矿山机械、船舶海港机械等的齿轮传动	中负荷工业齿轮油（L-CKC）
＞1100 （重负荷齿轮）	冶金轧钢、井下采掘、高温有冲击、含水部位的齿轮传动等	重负荷工业齿轮油（L-CKD）
＜500	在更低的、低的或更高的环境温度和轻负荷下运转的齿轮传动	极温工业齿轮油（L-CKS）
≥500	在更低的、低的或更高的环境温度和重负荷下运转的齿轮传动	极温重负荷工业齿轮油（L-CKT）

* 在计算出的齿面接触应力略小于 1100N/mm² 时，若齿轮工况为高温、有冲击或含水等，为安全计，应选用重负荷工业齿轮油。

2. 润滑油黏度等级的选择

润滑油黏度的选择主要与齿轮节圆圆周速度和环境温度有关，见表 6-7。齿轮节圆圆周速度低，可选择较高黏度等级的工业齿轮油；齿轮节圆圆周速度高，可选择较低黏度等级的齿轮油。当运行温度高时，要选用黏度等级高的工业齿轮油。

表 6-7 齿轮润滑油黏度等级的选择

平行轴及锥齿轮传动	环境温度（℃）			
低速级齿轮节圆 圆周速度[1]（m/s）	−40～−10	−10～10	10～35	35～55
	润滑油黏度等级[2]（40℃，mm²/s）			
≤5	100（合成型）	150	320	680
＞5～15	100（合成型）	100	220	460
＞15～25	68（合成型）	68	150	320
＞25～80[3]	32（合成型）	46	68	100

[1] 锥齿轮传动节圆圆周速度是指锥齿宽中点的节圆圆周速度。
[2] 当齿轮节圆圆周速度不大于 25m/s 时，表中所选润滑油黏度等级为工业闭式齿轮油；当齿轮节圆圆周速度大于 25m/s 时，表中所选润滑油黏度等级为汽轮机油；当齿轮传动承受较严重冲击负荷时，可适当增加一个黏度等级。
[3] 当齿轮节圆圆周速度大于 80m/s 时，应由齿轮装置制造者特殊考虑并具体推荐一合适的润滑油。

3. 润滑方式的选择

润滑方式直接影响齿轮传动装置的润滑效果。

齿轮传动装置的润滑方式是根据节圆圆周速度来确定的，见表 6-8。如果采用冷却装置和专用箱体等特殊措施，节线速度可超出标准规定值。

表 6-8   润 滑 方 式 的 选 择

节圆圆周速度（m/s）	推荐润滑方式
≤15	油浴润滑①
>15	喷油润滑

① 特殊情况下，也可同时采用油浴润滑与喷油润滑。

由于工业齿轮油选用标准为 JB/T 8331—2001，随着工业机械设备精密度、载荷提高以及使用温度要求的日益苛刻，传统矿物型齿轮油已不能满足现代工业设备的需求。另外，摩擦学研究进入一个新时代，润滑理论也得到了进一步发展，因此对于润滑油选用方法中的计算公式有很大的局限性。同时，润滑油中的各种添加剂对油品运行性能产生了重大影响，其中油性剂和极压抗磨剂赋予了润滑油更强大的功能性，主要体现在两点。一是化学吸附取代物理吸附。现代润滑油中加有的大量吸附剂大多数都是极性物质（极压抗磨剂一般都是含有氯、硫、磷等活性元素的有机化合物），能与金属表面通过化学键的形式形成化学吸附，不同于以往纯矿物油的物理吸附。化学吸附的吸附强度比物理吸附提高了 5~10 倍。二是反应膜取代了吸附膜，润滑油中的极压剂，能够在表面接触部分的局部高压、高温条件下分解出硫、磷、氯等活性物质，与金属反应生成抗压强度大、抗剪强度低的化学反应膜。运转过程中齿面的润滑状态由边界润滑逐渐过渡到混合润滑和部分弹流润滑。

二、润滑油保养

（1）润滑油在存放保管过程中，必须把不同种类和不同黏度等级的油分开，并应有明显的标志，油品不允许露天存放。同时，润滑油在贮运过程中要特别注意防止混入杂质和其他品种的油料。

（2）润滑油在进厂时，尤其是重要设备和关键设备的用油，必须对油品的主要理化指标进行复检。

（3）不同厂家生产的润滑油不宜混用。在特殊情况下，混用前必须进行小样混合试验。

（4）润滑油在使用过程中，必须经常注意油质的变化，并定期抽取油样化验。

07 第七章

风电场齿轮油检测实例

一、试验数据

(一) 内蒙古乌兰察布地区某风电场(实例一)

1. 测试项目

对该风场 32 台风机进行了水分、酸值、运动黏度、ICP、颗粒度、旋转氧弹等试验项目的分析工作,并结合实际情况对 32 台机组分别进行了齿轮箱内窥镜测试工作。

2. 试验数据

(1) 水分数据见表 7-1。

表 7-1　　　　　　　　　　水　分　数　据　　　　　　　　　　mg/L

编号	2015-01	2015-06	2015-08	2016-04
1	66.3	73.7	83.6	—
2	78.4	89.2	61.3	78.6
3	69.6	64.0	131.9	102.4
4	55.1	65.6	98.5	—
5	76.7	85.4	103.4	—
6	86.9	89.1	97.0	—
7	67.5	82.9	84.6	—
8	56.0	65.6	84.5	98.5
9	65.6	63.7	105.0	101.0
10	78.4	82.6	70.3	83.7
11	68.4	63.3	75.4	81.6
12	56.9	53.2	94.5	—
13	63.3	73.1	82.1	—
14	59.6	62.5	97.6	84.5
15	75.3	95.9	98.9	—
16	77.2	72.6	110.6	—
17	49.8	54.4	97.1	—
18	64.0	63.7	173.9	138.7
19	58.8	63.9	70.3	77.9
20	96.5	102.2	76.4	69.3
21	69.4	73.9	102.3	—
22	49.7	56.5	80.9	—
23	83.9	98.0	126.1	—
24	48.7	63.3	50.1	—
25	45.0	55.5	66.2	—
26	40.5	53.3	98.3	—
27	45.0	64.9	69.9	—
28	111.5	132.3	102.3	101.4
29	120.0	113.5	58.9	65.9
30	119.3	132.0	68.0	59.4
31	112.1	121.3	89.2	106.1
32	151.9	163.4	129.9	138.8

（2）酸值数据见表 7-2。

表 7-2　　　　　　　　　　　　　酸　值　数　据　　　　　　　　　　　　mgKOH/g

编号	2015-01	2015-6	2015-08	2016-04
1	0.62	0.64	0.78	—
2	0.67	0.67	0.75	1.16
3	0.94	0.98	1.51	0.96
4	0.79	0.74	1.10	—
5	0.77	0.64	0.82	—
6	0.70	0.66	0.73	—
7	0.70	0.67	0.80	—
8	0.68	0.61	0.72	0.79
9	0.70	0.67	1.08	0.82
10	0.67	0.68	1.01	0.92
11	0.77	0.72	0.89	0.98
12	0.66	0.60	0.86	—
13	0.73	0.73	0.94	—
14	0.71	0.69	0.89	0.89
15	0.60	0.58	1.19	—
16	0.69	0.72	0.60	—
17	1.05	0.73	0.94	—
18	0.75	0.70	0.71	0.88
19	0.76	0.70	0.90	0.94
20	0.66	0.63	0.95	1.04
21	0.66	0.59	0.86	—
22	0.70	0.58	0.77	—
23	0.58	0.52	1.24	—
24	0.60	0.59	0.76	—
25	0.68	0.58	0.89	—
26	0.62	0.57	0.86	—
27	0.61	0.58	0.70	—
28	0.61	0.64	0.91	1.24
29	0.75	0.67	0.84	1.42
30	1.17	0.70	0.84	1.04
31	0.73	0.65	0.72	1.20
32	0.74	0.67	0.78	2.05

（3）运动黏度数据见表 7-3。

表 7-3　　　　　　　　　　　　运　动　黏　度　数　据　　　　　　　　　　mm²/s

编号	2015-01	2015-06	2015-08	2016-04
1	318.3	330.9	369.9	—
2	322.2	334.5	404.2	368.6

续表

编号	2015-01	2015-06	2015-08	2016-04
3	314.6	341.2	397.4	356.4
4	318.4	381.7	332.6	—
5	322.8	326.3	350.0	—
6	323.9	323.9	322.2	—
7	300.4	345.6	327.9	—
8	314.9	325.1	362.7	366.9
9	323.3	341.1	393.6	324.6
10	314.4	317.3	396.7	454.2
11	312.8	314.2	321.7	329.2
12	312.0	322.9	384.2	—
13	321.1	322.7	367.2	—
14	330.7	328.3	378.5	—
15	307.0	313.8	284.1	—
16	314.3	330.2	370.0	—
17	318.9	318.6	350.2	—
18	310.2	346.1	393.3	387.6
19	315.8	317.9	359.0	355.5
20	311.3	317.2	332.2	406.0
21	321.9	327.9	308.2	—
22	317.8	254.2	252.8	—
23	313.7	315.8	457.9	—
24	306.9	308.4	431.6	—
25	320.2	318.9	355.2	—
26	320.2	321.3	333.1	—
27	311.1	314.7	383.6	—
28	317.4	318.5	345.4	362.5
29	302.8	304.4	303.4	307.1
30	308.1	308.9	344.0	346.7
31	306.8	311.3	306.3	307.1
32	313.1	389.5	441.4	328.8

（4）ICP 数据见表 7-4。

表 7-4 **ICP 数 据** mg/kg

编号		Fe	Al	Cu	Cr	Mo	Ni	Pb	Sn	B	K	Na	Si	Ba	Ca	Mg	P	Zn
2015-01	齿箱油新油	<1	<1	<1	<1	<1	<1	<1	<1	32	<1	<1	3.3	<1	<1	<1	435	<1
	1	41	<1	<1	<1	<1	<1	<1	<1	16	4.5	4.4	4.0	<1	<1	1.4	370	<1
	2	38	<1	<1	<1	<1	<1	<1	<1	14	3.5	4.6	2.3	<1	<1	1.7	354	3.1

续表

编号		Fe	Al	Cu	Cr	Mo	Ni	Pb	Sn	B	K	Na	Si	Ba	Ca	Mg	P	Zn
2015-01	3	47	<1	<1	<1	<1	<1	<1	<1	14	3.0	4.3	2.5	<1	<1	1.2	355	5.3
	4	46	<1	<1	<1	<1	<1	<1	<1	18	4.3	4.2	2.9	<1	<1	1.3	332	4.6
	5	39	<1	<1	<1	<1	<1	<1	<1	15	2.6	3.4	3.0	<1	<1	<1	377	<1
	6	30	<1	<1	<1	<1	<1	<1	<1	15	2.7	4.6	2.4	<1	<1	<1	329	0.9
	7	34	<1	<1	<1	<1	<1	<1	<1	15	5.3	6.7	0.8	<1	<1	1.0	338	2.0
	8	34	<1	<1	<1	<1	<1	<1	<1	15	4.6	6.4	1.8	<1	<1	1.3	361	0.8
	9	36	<1	<1	<1	<1	<1	<1	<1	14	4.2	6.9	2.5	<1	<1	1.1	378	4.7
	10	34	<1	<1	<1	<1	<1	<1	<1	15	5.7	4.3	2.7	0.3	<1	7.3	360	16
	11	41	<1	<1	<1	<1	<1	<1	<1	15	4.7	5.4	1.0	<1	<1	2.0	360	<1
	12	42	<1	<1	<1	<1	<1	<1	<1	14	5.8	7.2	1.8	<1	<1	1.2	371	3.6
	13	40	<1	<1	<1	<1	<1	<1	<1	15	3.4	4.6	2.3	<1	<1	1.2	371	4.0
	14	40	<1	<1	<1	<1	<1	<1	<1	15	3.0	4.1	2.3	<1	<1	<1	365	1.6
	15	33	<1	<1	<1	<1	<1	<1	<1	11	3.2	5.5	1.2	<1	<1	<1	369	5.1
	16	35	<1	<1	<1	<1	<1	<1	<1	13	3.2	5.7	3.0	<1	<1	3.3	355	4.5
	17	32	<1	<1	<1	<1	<1	<1	<1	14	5.4	6.9	1.9	<1	<1	1.2	369	3.6
	18	51	<1	<1	<1	<1	<1	<1	<1	15	3.6	4.9	2.5	<1	<1	1.2	363	4.8
	19	32	<1	<1	<1	<1	<1	<1	<1	15	8.6	3.1	<1	<1	172	<1	317	<1
	20	32	<1	<1	<1	<1	<1	<1	<1	13	<1	3.1	2.1	<1	<1	<1	274	<1
	21	31	<1	<1	<1	<1	<1	<1	<1	16	<1	4.0	4.9	11	<1	<1	295	<1
	22	34	<1	<1	<1	<1	<1	<1	<1	18	2.7	3.8	3.9	11	<1	<1	362	<1
	23	33	<1	<1	<1	<1	<1	<1	<1	15	<1	2.0	3.3	11	<1	<1	323	<1
	24	40	<1	<1	<1	<1	<1	<1	<1	14	4.5	6.7	0.9	<1	<1	1.3	325	2.6
	25	34	<1	<1	<1	<1	<1	<1	<1	15	7.0	6.6	2.2	<1	<1	1.0	382	2.9
	26	39	<1	<1	<1	<1	<1	<1	<1	14	3.6	6.1	2.3	<1	<1	1.3	357	2.6
	27	39	<1	<1	<1	<1	<1	<1	<1	14	4.1	4.9	2.9	<1	<1	1.0	340	4.2
	28	26	<1	<1	<1	<1	<1	<1	<1	13	3.2	4.1	2.5	<1	<1	1.4	326	4.2
	29	28	<1	<1	<1	<1	<1	<1	<1	15	7.4	9.0	6.2	0.8	<1	1.6	348	3.3
	30	31	<1	<1	<1	<1	<1	<1	<1	14	5.0	4.6	1.7	<1	<1	1.1	331	2.3
	31	23	<1	<1	<1	<1	<1	<1	<1	12	4.3	4.8	2.4	<1	<1	0.9	355	1.5
	32	27	<1	<1	<1	<1	<1	<1	<1	15	5.3	5.4	4.0	0.2	<1	6.8	326	7.6
2015-08	1	48	<1	<1	<1	<1	<1	<1	<1	26	<1	<1	<1	<1	<1	<1	323	<1
	2	76	<1	<1	<1	<1	<1	<1	<1	23	<1	<1	<1	<1	<1	<1	347	<1
	3	91	<1	<1	<1	<1	<1	<1	<1	24	<1	<1	<1	<1	<1	<1	349	<1
	4	54	<1	<1	<1	<1	<1	<1	<1	37	<1	<1	<1	<1	<1	<1	337	<1
	5	48	<1	<1	<1	<1	<1	<1	<1	25	<1	<1	<1	<1	<1	<1	329	<1
	6	46	<1	<1	<1	<1	<1	<1	<1	27	<1	<1	<1	<1	<1	<1	368	<1
	7	79	<1	<1	<1	<1	<1	<1	<1	25	<1	<1	<1	<1	<1	<1	346	<1
	8	50	<1	<1	<1	<1	<1	<1	<1	24	<1	<1	<1	<1	<1	<1	340	<1
	9	46	<1	<1	<1	<1	<1	<1	<1	25	<1	<1	<1	<1	<1	<1	367	<1
	10	66	<1	<1	<1	<1	<1	78	<1	23	<1	<1	<1	<1	<1	<1	357	<1
	11	75	<1	<1	<1	<1	<1	<1	<1	26	<1	<1	<1	<1	<1	<1	358	<1

编号		Fe	Al	Cu	Cr	Mo	Ni	Pb	Sn	B	K	Na	Si	Ba	Ca	Mg	P	Zn
2015-08	12	43	<1	<1	<1	<1	<1	<1	<1	24	<1	<1	<1	<1	<1	<1	327	<1
	13	54	<1	<1	<1	<1	<1	<1	<1	35	5.3	3.8	3.6	<1	1.7	<1	332	6.9
	14	54	<1	<1	<1	<1	<1	<1	<1	34	4.6	2.9	3.2	<1	<1	<1	331	2.7
	15	33	<1	<1	<1	<1	<1	<1	<1	31	4.4	3.6	3.3	<1	<1	<1	337	6.2
	16	52	<1	<1	<1	<1	<1	<1	<1	32	4.5	4.2	2.2	<1	0.7	<1	321	6.1
	17	39	<1	<1	<1	<1	<1	<1	<1	33	6.4	6.0	3.1	<1	4.6	<1	344	4.6
	18	65	<1	<1	<1	<1	<1	<1	<1	33	4.9	3.4	2.2	<1	1.4	<1	329	6.4
	19	80	<1	<1	<1	<1	<1	<1	<1	32	<1	<1	<1	<1	<1	<1	323	5.0
	20	59	<1	<1	<1	<1	<1	<1	<1	34	6.1	5.2	1.5	<1	2.1	<1	336	5.9
	21	74	<1	<1	<1	<1	<1	<1	<1	46	3.2	<1	0.5	<1	<1	<1	292	<1
	22	32	<1	<1	<1	<1	<1	<1	<1	37	4.4	4.0	3.0	<1	0.4	<1	371	0.4
	23	52	<1	<1	<1	<1	<1	<1	<1	31	5.3	4.0	3.7	<1	1.4	<1	319	5.4
	24	82	<1	<1	<1	<1	<1	<1	<1	32	6.2	5.7	1.3	<1	3.8	<1	324	3.8
	25	45	<1	<1	<1	<1	<1	<1	<1	32	7.5	6.2	1.9	<1	3.7	<1	336	4.7
	26	47	<1	<1	<1	<1	<1	<1	<1	32	4.8	5.6	2.7	<1	0.5	<1	337	4.1
	27	60	<1	<1	<1	<1	<1	<1	<1	32	4.8	3.2	2.5	<1	0.6	<1	345	4.1
	28	34	<1	<1	<1	<1	<1	<1	<1	27	3.2	<1	2.3	<1	<1	<1	287	2.0
	29	64	<1	<1	<1	<1	<1	<1	<1	35	7.9	6.2	4.3	<1	5.9	<1	344	3.5
	30	70	<1	<1	<1	<1	<1	<1	<1	32	6.3	4.2	1.3	<1	3.0	<1	333	4.8
	31	55	<1	<1	<1	<1	<1	<1	<1	32	6.5	5.8	2.4	<1	4.0	<1	334	3.9
	32	96	<1	<1	<1	<1	<1	<1	<1	32	7.1	5.2	3.1	<1	3.1	<1	343	9.6
2016-04	2	91	<1	<1	<1	<1	<1	<1	20.9	15.2	<1	4.4	<1	<1	2.0	4.9	330	5.5
	3	101	<1	1.2	<1	<1	<1	<1	18.3	16.2	<1	3.9	<1	<1	2.3	4.1	330	7.8
	8	76	<1	<1	<1	<1	<1	<1	21.6	16.1	<1	6.7	<1	<1	4.9	5.2	333	4.7
	9	60	<1	<1	<1	<1	<1	<1	41.2	16.9	<1	5.2	1.4	<1	1.8	3.7	363	5.1
	10	86	<1	<1	<1	2.0	<1	<1	19.7	15.4	<1	5.3	1.2	<1	3.0	9.3	338	16.4
	11	92	<1	1.3	<1	<1	<1	1.2	22.2	17.9	<1	5.2	1.6	<1	3.1	5.2	340	4.4
	14	72	<1	<1	<1	<1	<1	<1	22.9	17.3	<1	3.7	1.2	<1	1.1	3.8	326	4.1
	18	89	<1	<1	<1	<1	<1	<1	20.6	17.4	<1	4.5	2.7	<1	2.6	3.9	341	7.7
	19	71	<1	<1	<1	<1	<1	<1	25.3	17.5	<1	6.0	1.3	<1	3.6	3.8	330	6.7
	20	89	<1	<1	<1	<1	<1	<1	15.8	14.0	<1	3.7	2.8	<1	3.4	4.0	320	6.5
	28	78	<1	<1	<1	<1	<1	<1	20.7	15.9	<1	4.3	4.2	<1	2.1	4.1	334	7.7
	29	54	<1	<1	<1	<1	<1	<1	32.7	21.5	<1	6.3	3.8	<1	5.8	4.2	334	3.4
	30	107	<1	<1	<1	<1	<1	<1	22.3	21.1	<1	7.0	2.4	<1	6.3	4.6	301	8.5
	31	42	<1	<1	<1	<1	<1	<1	24.6	15.5	<1	7.4	3.9	<1	5.2	3.6	300	5.0
	32	102	<1	<1	<1	<1	<1	<1	7.0	16.5	<1	6.3	1.7	<1	4.4	6.9	325	7.9

（5）旋转氧弹数据见表 7-5。

表 7-5   旋 转 氧 弹 数 据

编号	1	2	7	9	13	15
时间（min）	175	179	169	172	162	159
编号	21	22	24	26	30	32
时间（min）	169	157	169	188	181	179

（6）颗粒度数据见表 7-6。

表 7-6   颗 粒 度 数 据

编号	2015-01	2015-06	2015-08	2016-04
1	—/17/14	—/19/15	—/19/14	—
2	—/19/15	—/18/15	—/18/15	—/18/15
3	—/18/14	—/18/13	—/17/13	—/17/13
4	—/15/12	—/15/14	—/15/13	—
5	—/19/16	—/19/17	—/20/17	—
6	—/17/13	—/17/14	—/18/14	—
7	—/16/12	—/17/12	—/17/13	—
8	—/16/14	—/16/14	—/17/14	—/17/14
9	—/18/14	—/18/16	—/17/13	—/17/14
10	—/18/16	—/19/15	—/20/15	—/19/15
11	—/18/13	—/19/13	—/19/15	—/19/15
12	—/17/13	—/18/14	—/18/14	—
13	—/18/13	—/19/14	—/19/15	—
14	—/18/15	—/19/14	—/19/14	—/18/14
15	—/16/14	—/17/14	—/17/14	—
16	—/16/14	—/17/14	—/17/14	—
17	—/16/13	—/16/14	—/17/14	—
18	—/20/15	—/20/15	—/20/14	—/20/14
19	—/20/14	—/20/14	—/20/14	—/20/14
20	—/15/13	—/16/14	—/17/13	—/17/14
21	—/15/14	—/16/14	—/17/14	—
22	—/16/15	—/17/14	—/18/15	—
23	—/18/16	—/17/15	—/18/14	—
24	—/17/13	—/18/14	—/18/14	—
25	—/20/15	—/17/14	—/20/15	—
26	—/18/14	—/17/15	—/18/14	—
27	—/16/14	—/16/14	—/17/14	—
28	—/20/19	—/20/20	—/21/21	—/21/20
29	—/18/14	—/18/15	—/20/15	—/18/17
30	—/21/14	—/19/15	—/19/15	—/19/14
31	—/16/13	—/17/14	—/17/13	—/17/13
32	—/18/14	—/18/15	—/19/15	—/18/15

（7）内窥镜数据。以编号为 1 的风机齿轮箱为例，表 7-7 中给出了设备内部检查情况。

表 7-7　　　　　　　　　　　　内 窥 镜 数 据

检查项目	磨损情况	状态描述
一级内齿圈		齿面磨损、点蚀
一级行星齿		齿面点蚀
二级内齿圈		齿面正常

检查项目	磨损情况	状态描述
二级行星齿		齿面静止压痕、磨损
中间齿轮		齿面静止压痕
输出轴		齿面静止压痕

检查项目	磨损情况	状态描述
齿毂前轴承		滚子表面磨损、划痕
输出轴前轴承		滚子表面磨损、点蚀
输出轴后轴承		滚子表面磨损、划痕

（二）内蒙古乌兰察布地区某风电场（实例二）

1. 测试项目

对该风场 33 台风机进行了水分、酸值、运动黏度、ICP、颗粒度试验项目的分析工作，并结合实际情况对两台机组齿轮箱分别进行了齿轮箱内窥镜测试工作。

2. 试验数据

（1）水分数据见表 7-8。

表 7-8　　　　　　　　　　　水　分　数　据　　　　　　　　　mg/L

编号	2015-02	2015-07	2016-01
1	91.2	100.6	121.1
2	138.3	70.8	102.3
3	160.3	80.4	102.1
4	88.8	77.7	89.8
5	71.9	73.2	95.1
6	184.1	70.8	98.9
7	66.7	69.0	102.1
8	70.1	70.2	74.3
9	158.2	75.3	76.3
10	47.5	70.9	114.6
11	35.6	76.2	82.2
12	303.2	80.5	98.9
13	58.2	81.2	83.2
14	35.7	137.8	101.6
15	—	—	89.2
16	74.5	72.2	77.4
17	37.8	71.6	70.1
18	91.9	74.8	76.9
19	39.2	100.2	98.8
20	45.4	70.7	87.3
21	29.7	67.3	73.3
22	45.3	76.8	70.5
23	39.3	68.1	73.1
24	38.1	58.2	76.2
25	47.9	78.8	70.0
26	96.2	59.9	71.2
27	103.7	95.9	78.2
28	138.2	126.1	101.1
29	66.8	87.4	98.7
30	55.1	72.6	68.0
31	74.9	89.8	98.1
32	35.1	76.5	79.5
33	86.3	98.2	121.0

（2）酸值数据见表7-9。

表 7-9   酸 值 数 据   mgKOH/g

编号	2015-02	2015-08	2016-01
1	1.01	0.86	—
2	0.77	0.86	—
3	1.12	1.15	—
4	0.85	0.89	—
5	0.85	1.01	—
6	1.10	0.84	—
7	0.93	0.82	—
8	0.83	0.68	0.86
9	1.06	1.04	—
10	0.89	1.26	0.73
11	1.05	0.81	—
12	0.99	0.86	—
13	0.49	0.88	—
14	0.84	0.67	—
15	—	—	1.03
16	0.47	0.82	—
17	0.80	0.88	0.83
18	0.94	0.82	0.82
19	0.94	0.86	—
20	0.82	0.86	—
21	1.23	—	0.83
22	0.92	—	0.81
23	0.83	—	1.25
24	0.78	—	0.73
25	0.69	—	0.73
26	0.64	—	0.85
27	0.73	—	0.77
28	0.63	—	—
29	0.78	—	—
30	0.82	—	1.25
31	0.59	—	0.86
32	0.70	—	0.53
33	0.78	—	0.92

（3）运动黏度数据见表 7-10。

表 7-10	运 动 黏 度 数 据		mm²/s
编号	2015-01	2015-08	2015-12
1	307.3	311.2	—
2	311.2	308.3	—
3	310.2	312.9	—
4	311.8	311.2	—
5	301.2	308.3	—
6	309.3	297.8	—
7	313.9	308.3	—
8	309.2	305.9	336.3
9	307.8	303.2	—
10	307.2	336.1	336.2
11	315.3	311.4	—
12	303.9	—	—
13	302.2	323.8	—
14	300.3	322.4	—
15	—	—	322.1
16	336.9	416.5	—
17	304.4	—	335.3
18	308.2	311.2	336.2
19	308.7	313.4	—
20	309.2	309.8	—
21	310.9	—	—
22	309.2	—	—
23	297.6	—	336.8
24	308.2	—	336.2
25	292.1	—	336.5
26	301.6	—	335.8
27	296.3	—	336.2
28	305.6	—	—
29	295.9	—	—
30	306.3	—	336.6
31	290.2	—	336.1
32	299.8	—	327.8
33	295.3	—	337.1

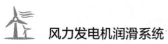

（4）ICP 的数据见表 7-11。

表 7-11   **ICP 数据**   mg/kg

	编号	Fe	Al	Cu	Cr	Mo	Ni	Pb	Sn	B	K	Na	Si	Ba	Ca	Mg	P	Zn
2015-01	1	23	<1	<1	<1	<1	<1	<1	<1	<1	3.6	<1	8.7	<1	34	<1	422	<1
	2	33	<1	<1	<1	<1	<1	<1	<1	12	<1	9.7	<1	<1	22	<1	360	<1
	3	38	<1	<1	<1	<1	<1	<1	<1	16	3.5	15	<1	<1	47	<1	424	<1
	4	32	<1	<1	<1	<1	<1	<1	<1	13	<1	12	<1	<1	29	<1	379	<1
	5	28	<1	<1	<1	<1	<1	<1	<1	13	3.2	9.0	<1	<1	32	<1	386	<1
	6	34	<1	<1	<1	<1	<1	<1	<1	<1	13	13	<1	<1	37	<1	411	<1
	7	26	<1	<1	<1	<1	<1	<1	<1	9.8	3.0	12	<1	<1	37	<1	383	<1
	8	19	<1	<1	<1	<1	<1	<1	<1	8.0	4.4	<1	<1	<1	23	<1	395	<1
	9	34	<1	<1	<1	<1	<1	<1	<1	16	3.1	13	<1	<1	34	<1	414	<1
	10	26	<1	<1	<1	<1	<1	<1	<1	10	2.4	12	<1	<1	19	<1	370	<1
	11	39	<1	<1	<1	<1	<1	<1	<1	16	3.3	14	<1	<1	50	<1	438	<1
	12	64	<1	<1	<1	<1	<1	<1	<1	14	2.9	7.7	<1	<1	38	<1	383	<1
	13	36	<1	<1	<1	<1	<1	<1	<1	15	2.9	17	<1	<1	37	<1	453	<1
	14	58	<1	<1	<1	<1	<1	<1	<1	9.7	2.8	7.9	<1	<1	42	<1	348	<1
	16	35	<1	<1	<1	<1	<1	<1	<1	13	2.6	9.2	<1	<1	26	<1	366	<1
	17	59	<1	<1	<1	<1	<1	<1	<1	11	2.6	3.5	<1	<1	31	<1	295	<1
	18	38	<1	<1	<1	<1	<1	<1	<1	13	2.4	11	<1	<1	23	<1	381	<1
	19	29	<1	<1	<1	<1	<1	<1	<1	13	2.5	16	<1	<1	22	<1	382	<1
	20	37	<1	<1	<1	<1	<1	<1	<1	13	2.8	9.5	<1	<1	24	<1	399	<1
	21	51	<1	<1	<1	<1	<1	<1	<1	12	2.8	9.4	<1	<1	29	<1	263	<1
	22	54	<1	<1	<1	<1	<1	<1	<1	12	2.8	6.2	<1	<1	35	<1	353	<1
	23	42	<1	<1	<1	<1	<1	<1	<1	12	2.4	5.4	<1	<1	25	<1	319	<1
	24	31	<1	<1	<1	<1	<1	<1	<1	2.9	4.3	1.4	6.9	<1	85	<1	397	<1
	25	45	<1	<1	<1	<1	<1	<1	<1	16	<1	11	2.9	<1	<1	<1	345	<1
	26	124	<1	<1	<1	<1	<1	<1	<1	25	<1	15	4.4	<1	68	<1	447	<1
	27	75	<1	<1	<1	<1	<1	<1	<1	23	<1	14	3.9	<1	48	<1	458	<1
	28	47	<1	<1	<1	<1	<1	<1	<1	19	<1	15	3.0	<1	30	<1	413	<1
	29	47	<1	<1	<1	<1	<1	<1	<1	19	<1	13	2.9	<1	22	<1	395	<1
	30	54	<1	<1	<1	<1	<1	<1	<1	24	<1	20	2.8	<1	44	<1	492	<1
	31	51	<1	<1	<1	<1	<1	<1	<1	21	<1	15	2.5	<1	45	<1	413	<1
	32	45	<1	<1	<1	<1	<1	<1	<1	17	<1	5.4	2.8	<1	25	<1	357	<1
	33	55	<1	<1	<1	<1	<1	<1	<1	20	<1	13	3.1	<1	45	<1	395	<1
2015-08	1	44	<1	<1	<1	<1	<1	<1	<1	31.7	<1	8.59	3.28	<1	<1	2.75	387	<1
	2	44	<1	<1	<1	<1	<1	<1	<1	30.0	<1	8.39	1.28	<1	<1	2.25	375	<1
	3	41	<1	<1	<1	<1	<1	<1	<1	30.1	<1	7.70	<1	<1	<1	2.76	376	<1
	4	36	<1	<1	<1	<1	<1	<1	<1	29.8	<1	8.20	2.69	<1	<1	1.93	372	<1
	5	39	<1	<1	<1	<1	<1	<1	<1	29.3	<1	8.21	<1	<1	<1	2.03	382	<1
	6	47	<1	<1	<1	<1	<1	<1	<1	28.3	<1	12.8	<1	<1	<1	2.11	372	<1
	7	27	<1	<1	<1	<1	<1	<1	<1	24.3	<1	<1	<1	<1	2.94	2.69	394	<1

编号		Fe	Al	Cu	Cr	Mo	Ni	Pb	Sn	B	K	Na	Si	Ba	Ca	Mg	P	Zn
2015-08	8	83	<1	<1	<1	<1	<1	<1	<1	25.4	<1	<1	<1	<1	<1	2.16	313	5.36
	9	45	<1	<1	<1	<1	<1	<1	<1	31.0	<1	11.6	<1	<1	<1	2.44	389	<1
	10	34	<1	<1	<1	<1	<1	<1	<1	28.1	<1	12.9	<1	<1	<1	2.14	356	<1
	11	62	<1	<1	<1	<1	<1	<1	<1	28.9	<1	1.64	<1	<1	<1	2.23	337	<1
	13	27	<1	<1	<1	<1	<1	<1	<1	30.8	<1	<1	4.50	<1	<1	1.91	408	<1
	14	13	<1	<1	<1	<1	<1	<1	<1	23.8	<1	<1	<1	<1	<1	2.07	433	<1
	16	103	<1	<1	<1	<1	<1	<1	<1	25.7	<1	<1	<1	<1	<1	2.23	314	<1
	18	43	<1	<1	<1	<1	<1	<1	<1	27.5	<1	9.87	1.31	<1	<1	2.32	364	9.63
	19	42	<1	<1	<1	<1	<1	<1	<1	28.7	<1	4.96	<1	<1	<1	1.94	377	<1
	20	59	<1	<1	<1	<1	<1	<1	<1	27.6	<1	4.60	<1	<1	<1	2.47	338	<1
2015-12	8	<1	<1	<1	<1	<1	<1	<1	<1	29.8	<1	1.10	7.12	<1	<1	<1	468	<1
	10	<1	<1	<1	<1	<1	<1	<1	<1	29.7	<1	<1	5.03	<1	<1	<1	460	<1
	15	<1	<1	<1	<1	<1	<1	<1	<1	28.7	<1	1.00	1.13	<1	<1	<1	481	<1
	17	<1	<1	<1	<1	<1	<1	<1	<1	28.8	<1	<1	4.92	<1	<1	<1	473	<1
	18	<1	<1	<1	<1	<1	<1	<1	<1	29.0	<1	<1	5.12	<1	<1	<1	474	<1
	21	<1	<1	<1	<1	<1	<1	<1	<1	28.5	<1	<1	4.93	<1	<1	<1	472	<1
	22	<1	<1	<1	<1	<1	<1	<1	<1	38.1	<1	1.09	9.36	<1	<1	<1	584	<1
	23	<1	<1	<1	<1	<1	<1	<1	<1	29.0	<1	<1	5.11	<1	<1	<1	483	<1
	24	<1	<1	<1	<1	<1	<1	<1	<1	28.4	<1	<1	6.42	<1	<1	<1	468	<1
	25	<1	<1	<1	<1	<1	<1	<1	<1	28.6	<1	<1	6.45	<1	<1	<1	491	<1
	26	<1	<1	<1	<1	<1	<1	<1	<1	35.2	<1	1.20	7.64	<1	<1	<1	576	<1
	27	<1	<1	<1	<1	<1	<1	<1	<1	32.5	<1	<1	7.13	<1	<1	<1	545	<1
	30	<1	<1	<1	<1	<1	<1	<1	<1	33.4	<1	<1	6.73	<1	<1	<1	556	<1
	31	<1	<1	<1	<1	<1	<1	<1	<1	30.5	<1	<1	5.89	<1	<1	<1	506	<1
	32	<1	<1	<1	<1	<1	<1	<1	<1	9.39	<1	2.19	<1	<1	<1	<1	547	<1
	33	<1	<1	<1	<1	<1	<1	<1	<1	27.2	<1	<1	5.04	<1	<1	<1	475	<1

（5）颗粒度数据见表 7-12。

表 7-12 颗 粒 度 数 据

编号	2015-02	2015-08	2015-12
1	—/20/17	—/21/17	—
2	—/19/15	—/19/16	—
3	—/20/16	—/22/18	—
4	—/21/17	—/22/18	—
5	—/21/17	—/21/17	—
6	—/21/18	—/23/19	—
7	—/22/17	—/22/18	—
8	—/22/17	—/23/18	—/20/15
9	—/20/16	—/21/18	—
10	—/20/17	—/22/18	—/20/14

编号	2015-02	2015-08	2015-12
11	—/21/16	—/20/16	—
12	—/20/17	—/23/17	—
13	—/21/17	—/22/17	—
14	—/22/16	—/23/19	—
15	—	—	—/17/13
16	—/21/19	—/23/21	—
17	—/22/18		—/20/14
18	—/22/17	—/23/20	—/20/14
19	—/19/14	—/19/14	—
20	—/20/16	—/22/18	—
21	—/22/18	—	—/20/14
22	—/21/17	—	—/20/14
23	—/21/18	—	—/20/14
24	—/20/17	—	—/20/14
25	—/21/18	—	—/20/14
26	—/22/18	—	—/19/18
27	—/21/17	—	—/19/18
28	—/22/18	—	—
29	—/21/17	—	—
30	—/21/16	—	—/19/17
31	—/20/16	—	—/20/14
32	—/21/18	—	—/22/19
33	—/22/17	—	—/20/14

二、试验数据分析

根据《发电厂齿轮用油运行及维护管理导则》（DL/T 1461—2015）要求，风电场每年例行实验项目包括光谱元素、水分、酸值、运动黏度分析等试验项目。

1. 光谱元素分析

通过对齿轮油中铁元素含量的测试分析，可以初步判断齿轮箱内部的磨损程度。从图 7-1 可以看出，32 台机组齿轮油中铁元素的含量随着设备运行时间的增加出现不同程度的递增趋势。根据某些润滑油厂家提供的参考建议，当油中铁元素含量超过 75mg/kg 时，需引起注意，判断油品中铁元素含量的来源，是正常磨损还是异常磨损引起的。如果有必要，可以对齿轮箱内部进行了内窥镜检测，更直观地了解设备的真实状态，及时发现出现磨损的原因、磨损部位及磨损程度，避免重大事故发生，确保机组安全稳定运行。

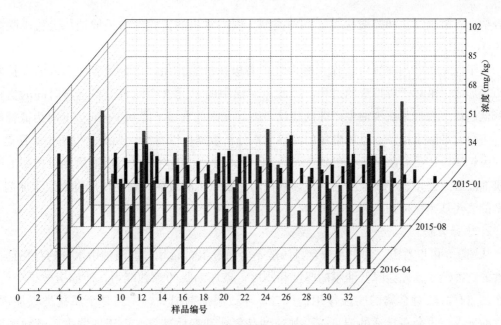

图 7-1　某风电场不同时间段齿轮油中铁元素含量（以实例一为例）

　　从图 7-2 可以看出，随着机组运行时间的增加，油中 P 元素的含量出现不同程度的降低。P 元素在润滑油中主要是以极压抗磨剂的形式出现，它能够有效抑制滑动的金属表面烧结、擦伤和磨损。其机理是当摩擦面接触压力比较大时，两金属表面的凹凸点互相啮合，形成局部的高压、高温，此时极压抗磨剂中的有机化合物与金属发生化学反应，形成剪切强度低的保护膜，把两金属表面隔开，防止金属磨损和烧结。极压抗磨剂一般含有氯、硫及磷等活性元素的有机化合物，主要有有机氯化合物、有机硫化合物、有机磷

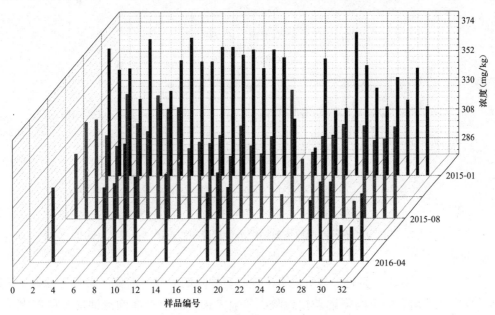

图 7-2　某风电场不同时间段齿轮油中磷元素含量（以实例一为例）

化合物、有机金属盐和硼酸盐类等五种类型。国内常用的齿轮油中一般选用硫代磷酸酯（T309）作为极压抗磨剂。

由于极压抗磨剂在机组工作过程中发挥着极压抗磨作用，在金属表面形成的保护膜经历着形成—破坏—再形成的过程，因此齿轮油中的 P 元素会随着设备运转时间的推移呈降低趋势。根据某润滑油生产商的建议，当 P 元素的含量下降到 194mg/kg 时为低警戒值，应引起足够重视。通过风电场的光谱元素分析数据可以看出，无论是投运 1 年还是 6 年的齿轮油，P 元素含量基本在 250mg/kg 以上，另外，国内风电润滑油检测机构如上海润凯油液监测公司、广研检测的润滑油数据均显示风机润滑油在长期使用过程中添加剂 P 元素的消耗基本保持在合理的范围内。

2. 水分分析

从图 7-3 可以看出，油中水分含量一般不会超过 200mg/L。润滑油中水分的存在具有很大的危害性。首先会降低油膜的厚度和刚度，破坏油膜的承载能力，使润滑效果变差；其次加速有机酸对金属的腐蚀作用；再者，导致添加剂损失，尤其是金属盐类添加剂。水汽的进入，也会在合适的温度下，加速油品氧化和变质速度。由于内蒙古西部地区属典型的中温带季风气候，具有降水量少而不匀、空气湿度小等特点，因此齿轮油中的水分含量相对较低，一般情况下不会对设备的运转产生明显的负面影响。对于空气湿度相对较大的地区，应做好齿轮油中水分监测工作，如出现异常应及时采取措施，避免设备腐蚀等故障发生。

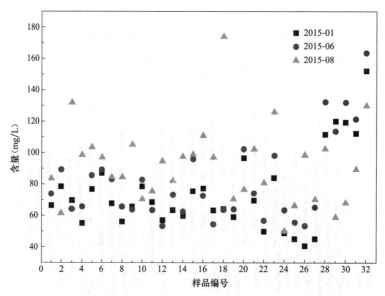

图 7-3　某风电场不同时间段齿轮油中水含量分布散点图（以实例一为例）

3. 酸值分析

从图 7-4 可以看出，齿轮油酸值没有出现明显的降低或升高现象，表明了设备在长期运转过程中并未出现严重的降解老化现象。一般来说，酸值可在润滑油配方研究中用于控制润滑油的质量，也可用于测定油品使用过程中的降解情况（氧化变质）。酸性物质包含油品中酸性物质的总量，如有机酸、无机酸、有机酯、酚类、铵盐和其他弱碱的盐类、多元酸的酸式盐和某些抗氧及清洁添加剂。酸值升高表明油品中存在氧化或者抗氧剂的消耗现象。当油品酸值升高达到一定程度时，应立即更换油品。根据 DL/T 1461—2015 中的要求，酸值增加值要≤0.8mg/g（以 KOH 标定）。

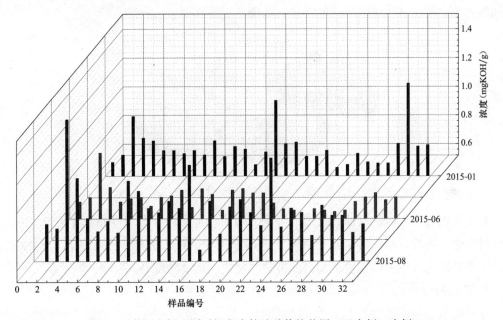

图 7-4　某风电场不同时间段齿轮油酸值柱状图（以实例一为例）

4. 旋转氧弹分析

从表 7-5 可以看出，齿轮油的旋转氧弹数据在 170min 左右。油品的旋转氧弹数据用来评价油品的氧化安定性。润滑油的氧化安定性是反映润滑油在储存、运输和实际使用过程中氧化变质或老化倾向的重要特性。油品在使用过程中，会与空气接触，发生氧化作用，尤其是在温度较高或有金属存在的条件下，会加速油品的氧化过程。油品氧化后，颜色变深，酸值增加，黏度也会增大。齿轮油新油的旋转氧弹数据在 180min 左右，在试验开展过程中，选取了样品黏度出现明显变化或者油品外观颜色较深的样品进行了旋转氧弹测试，发现样品的氧化安定性并未出现明显变化，表明样品保持着较好的氧化安定性，具有较好的抗氧化能力。

5. 内窥镜测试分析

以实例一为例，对某风电场 32 台风机齿轮箱进行了内窥镜检测（见表 7-7），发现内齿圈出现锈痕，齿面普遍出现静止压痕，可见轴承部分均有磨损划痕现象；个别齿轮箱润滑油出现泡沫过多；个别齿轮箱油位异常。一般来说，磨损主要取决于接触应力大小、载荷、速度、温度、材料及表面硬度、表面微观几何形状及润滑状态和润滑膜厚度。因此，对于终端客户来说，如果润滑油选用不当，润滑方式不良，或油液监测不力，均会引起、促使或加剧磨损。如发现异常磨损，应立即采取相关措施，防止重大事故发生。

6. 颗粒度分析

根据电力行业标准 DL/T 1461—2015 要求，颗粒污染度质量指标不大于—/20/17，实例一和实例二中颗粒度实验数据都存在不同程度的超过标准要求的现象。以实例二的风电场为例，32 台风机的齿轮油中，颗粒度指标优于标准要求的占 18.75%，与标准要求相同的占 12.5%，不合格的占 68.75%，如图 7-5 所示。

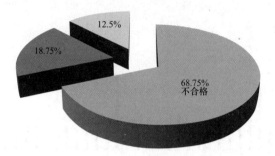

图 7-5　颗粒度指标分布

对于火电行业，汽轮机油、抗燃油等电力用油经常会遇到颗粒度指标不合格的情况，但经过专业滤油后，问题可很快得到解决，而如果用同样的方案不适用于风电行业润滑油，主要是因为齿轮油的特性不同，如齿轮油组成、运动黏度等。

7. 运动黏度分析

在对风电场齿轮油进行理化指标测试时，发现齿轮油会出现运动黏度降低的现象，一般来说，齿轮油中需要添加大分子的添加剂，用以改善齿轮油性能，由于齿轮副之间的啮合等作用，齿轮油会受到剪切力的影响，造成齿轮油中添加剂尤其是聚合物分子量的减小，进而影响齿轮油的性能，造成齿轮油运动黏度降低，如图 7-6 所示。

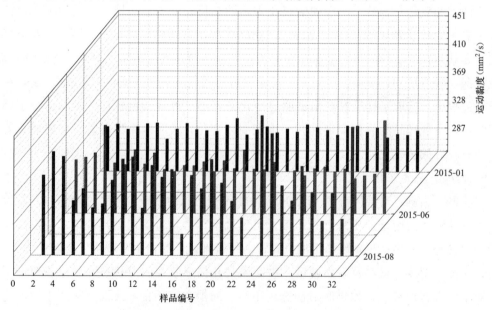

图 7-6　某风电场不同时间段齿轮油运动黏度柱状图（以实例一为例）

8. 铁谱分析

为了进一步分析齿轮油中铁元素的磨损信息，对实例二的风机 6、风机 8、风机 9 的样品进行了铁谱分析，分别如图 7-7～图 7-9 所示，数据分析结果分别见表 7-13～表 7-15。

（a） （b） （c）

图 7-7　样品 6 铁谱照片

（a）谱片入口处照片；（b）滑滚复合磨粒等；（c）外界污染颗粒等

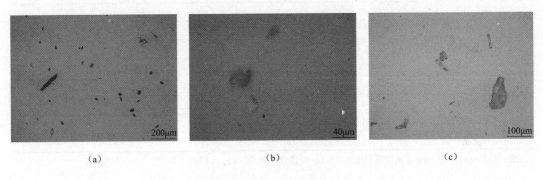

（a） （b） （c）

图 7-8　样品 8 铁谱照片

（a）谱片入口处照片；（b）正常磨粒等；（c）外界污染颗粒等

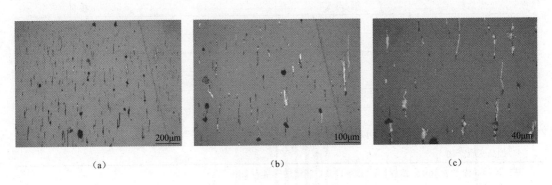

（a） （b） （c）

图 7-9　样品 9 铁谱照片

（a）谱片入口处照片；（b）切削磨粒等；（c）铜合金磨粒

表 7-13 样品 7 磨粒信息

磨粒类型	主要成分	尺寸范围（μm）	相对数量等级
正常磨粒	钢/铸铁	<15	个别
黏着磨粒			无
切削磨粒			无
疲劳磨粒	滑滚复合	<30	个别
有色金属磨粒			无
氧化物			无
腐蚀磨粒			无
外界污染颗粒	外界污染颗粒		个别
油品变质产物			无

注 原始油样量为 1mL，浓度稀释比为 1：1，制谱油样量为 1mL。

表 7-14 样品 8 磨粒信息

磨粒类型	主要成分	尺寸范围（μm）	相对数量等级
正常磨粒	钢/铸铁	<15	个别
黏着磨粒			无
切削磨粒			无
疲劳磨粒			无
有色金属磨粒			无
氧化物			无
腐蚀磨粒			无
外界污染颗粒	外界污染颗粒		个别
油品变质产物			无

注 原始油样量为 1mL，浓度稀释比为 1：1，制谱油样量为 1mL。

表 7-15 样品 9 磨粒信息

磨粒类型	主要成分	尺寸范围（μm）	相对数量等级
正常磨粒	钢/铸铁	<15	少量
黏着磨粒			无
切削磨粒	钢/铸铁		少量
疲劳磨粒			无
有色金属磨粒	铜合金	<15	个别
氧化物			无
腐蚀磨粒			无
外界污染颗粒	外界污染颗粒		个别
油品变质产物			无

注 原始油样量为 1mL，浓度稀释比为 1：1，制谱油样量为 1mL。

从样品 6 的铁谱数据可以看出，油中有个别小尺寸的铁磁性磨粒、个别小于 $30\mu m$ 的滑滚复合磨粒和个别外界污染颗粒等。设备磨损状态正常。样品 8 的铁谱数据显示油中有个别小尺寸的铁磁性磨粒和个别外界污染颗粒等。设备磨损状态正常。样品 9 的铁谱数据表明油中有少量小尺寸的铁磁性磨粒、少量切削磨粒、个别小于 $15\mu m$ 的铜合金磨粒和个别外界污染颗粒等。应注意设备是否存在碰磨擦伤现象。

三、总结

随着风机齿轮油性能越来越受到各方关注，齿轮油检测中发现的问题也逐渐增多，常见的问题主要有以下几点：

（1）润滑油颜色变黑，且有异味。

（2）油中水分含量偏高。

（3）运动黏度变化，升高或者降低。

（4）光谱元素分析中发现的问题有：①铁元素含量升高；②铜元素含量升高；③钙元素含量升高；④钼元素含量升高；⑤锌元素含量升高；⑥磷元素含量降低。

（5）齿轮油颗粒度达不到相关标准要求。

针对以上出现的问题，相关人员应结合现场实际情况，综合判别，分析问题产生的根源，制订合理的解决措施，避免重大事故的发生。

参 考 文 献

[1] 吴铮，周干堂. 我国润滑油基础油市场现状及发展趋势［J］. 石油商技，2015，6：48-55.

[2] 张青蔚，伏喜胜，付兴国. 工业润滑油现状及发展趋势［J］. 润滑油，2001，16（4）：1-12.

[3] 李慧. 润滑油的性能分析及回收利用［D］. 长春：东北师范大学，2015.

[4] 李敏，迟克彬，高善彬，等. 润滑油基础油生产工艺现状及发展趋势［J］. 炼油与化工，2009，20（4）：5-8.

[5] 姜旭峰，宗营，吴晓文，等. 常用基础油的特点［J］. 合成润滑材料，2015，42（3）：33-34.

[6] 李琪，党兰生，周慧娟. 合成基础油在润滑油中的性能与应用［J］. 石油商技，2011，26（2）：9-15.

[7] 刘今金，董延庭. 生物可降解润滑油［J］. 河南石油，2005，15（5）：73-75.

[8] 徐慧智. 可生物降解润滑油基础油与添加剂配伍性研究［D］. 西安：长安大学，2004.

[9] 张晓熙. 国内外润滑油添加剂现状与发展趋势［J］. 润滑油，2012，24（2）：1-4.

[10] 敖广. 润滑油常用添加剂种类及作用［J］. 设备管理与维修，2015，11：1-4.

[11] 邓广勇，刘红辉，李纯录. 润滑油抗泡剂的类型及机理探讨［J］. 润滑油，2010，25（3）：41-42.

[12] 李春燕. 绿色高效润滑油清洗剂的制备及其性能检测［D］. 武汉：华中科技大学，2014.

[13] 余存烨. 工业清洗剂的选用及出污机理［J］. 清洗世界，2008，24（1）：28-34.

[14] 王世荣，李祥高，刘志东. 表面活性剂化学［M］. 化学工业出版社，2005.

[15] 黄文轩. 润滑油分散剂的品种和性能［J］. 石油商技，2016（2）：90-96.

[16] 徐未，陈延. 丁二酰亚胺分散剂行业标准修订工作的进展［J］. 石油商技，2006，24（3）：72-75.

[17] 张佳荃，李炜，辛长波. 润滑油黏度指数改进剂的制备［J］. 大连大学，2011，32（2）：32-40.

[18] 李杰，张颖. 黏度指数改进剂对油品性能的影响［J］. 润滑油，2003，18（3）：37-40.

[19] 罗海棠，谢龙，孙令国. 油性剂的合成及其减摩性能的研究现状［J］. 大连润滑油技术经济论坛专辑，2014，172-175.

[20] 邓光勇，包东梅，刘红辉. 对润滑油降凝剂的认识［J］. 润滑油，2010，25（6）：62-64.

[21] 吴梅，聂艳. 润滑油抗乳化剂研究进展［J］. 润滑油，2014，29（4）：15-18.

[22] 邓广勇，刘红辉，李纯录. 润滑油抗泡剂的类型及机理探讨［J］. 润滑油，2010，25（3）：41-42.

[23] 杨练根，谢铁邦，蒋向前，等. 表面形貌的 Motif 评定方法及其发展［J］. 中国机械工程，2002，13（21）：1862-1865.

[24] 李小兵，刘莹. 表面形貌分形表征方法的比较［J］. 南昌大学学报（理科版），2006，30（1）：84-86.

[25] 杨松. 表面粗糙度的三维 motif 评定方法研究［D］. 南京：南京农业大学，2008.

[26] 李志强. 表面微观形貌的测量及其表征［D］. 重庆：重庆大学，2006.

[27] 陈为平，高诚辉，任志英. 磨粒表征研究进展及发展趋势 [J]. 中国工程机械学报，2015，13（4）：283-288.

[28] 韩文梅. 岩石摩擦滑动特性及其影响因素分析 [D]. 太原：太原理工大学，2012.

[29] 李成贵，董申. 三维表面微观形貌的表征参数和方法 [J]. 宇航计测技术，1999（6）：33-43.

[30] 刘小君. 表面形貌的分形特征研究 [J]. 合肥工业大学学报：自然科学版，2000，23（2）：236-239.

[31] 黄美发，程雄，刘惠芬，等. 表面形貌评定方法对比分析 [J]. 机械设计，2012，29（5）：10-13，24.

[32] 宋浩，邹星龙，卢文龙，等. 基于区域法的表面形貌参数评定 [J]. 机械工程师，2014（9）：156-157.

[33] 丁光健，胡大樾. 铁谱技术在摩擦学系统状态监测与故障诊断中的应用 [J]. 润滑与密封，1988（5）：53-61.

[34] 杨本杰，刘小君，董磊，等. 表面形貌对滑动接触界面摩擦行为的影响 [J]. 摩擦学学报，2014，34（5）：553-560.

[35] 张耕培. 基于表面形貌的滑动磨合磨损预测理论与方法研究 [D]. 武汉：华中科技大学，2013.

[36] 马飞，杜三明，张永振. 摩擦表面形貌表征的研究现状与发展趋势 [J]. 润滑与密封，2010，35（8）：100-103.

[37] 尹晓亮，高创宽，张增强. 粗糙表面形貌参数对润滑特性的影响 [J]. 机械工程与自动化，2008（6）：82-84.

[38] 刘启跃，王文健，何成刚. 摩擦学基础及应用 [M]. 成都：西南交通大学出版社，2014.

[39] 王振廷，孟君晟. 摩擦磨损与耐磨材料 [M]. 哈尔滨：哈尔滨工业大学出版社，2013.

[40] 杨其明. 磨粒分析：磨粒图谱与铁谱技术 [M]. 北京：中国铁道出版社，2002.

[41] 刘薄. 接触电阻法在润滑状态测试中的应用研究 [D]. 大连：大连海事大学，2012.

[42] 王凯. 基于接触电阻法的润滑特性分析与研究 [D]. 大连：大连海事大学，2012.

[43] 王松年，江亲瑜，苏贻福，等. 摩擦副润滑状态可靠性的计算 [J]. 润滑与密封，1989（3）：7-12.

[44] 李国华，张永忠. 机械故障诊断 [M]. 北京：化学工业出版社，1999.

[45] 徐扬光. 设备综合工程学概论 [M]. 北京：国防工业出版社，1988.

[46] 日本润滑学会编. 润滑手册 [M]. 东京，1987.

[47] 金锡志. 机器磨损及其对策 [M]. 北京：机械工业出版社，1996.

[48] 王致杰. 大型风力发电机组状态监测与智能故障诊断 [M]. 上海：上海交通大学出版社，2013.

[49] 杨锡运. 风力发电机组故障诊断技术 [M]. 北京：中国水利水电出版社，2015.

[50] 马宏革. 风电设备基础 [M]. 北京：化学工业出版社，2012.

[51] 龙源电力集团股份有限公司. 风力发电机组检修与维护 [M]. 北京：中国电力出版社，2016.

[52] 张先鸣. 风电齿轮箱用钢及热处理 [J]. 电气工程学报，2010，（9）：64-66.

[53] 张青. 风力发电机齿轮箱振动监测和故障诊断系统研究 [D]. 上海：华东理工大学，2013.

[54] 刘殷. 风电齿轮箱设计计算中的材料热处理影响因素分析 [J]. 机械传动，2010，（6）：68-72.

[55] 郝国文. 大型风电机组传动系统故障诊断信息分析方法研究与应用 [D]. 秦皇岛：燕山大学，

2011.

[56]　姚兴佳. 风力发电机组原理与应用［M］. 北京：机械工业出版社，2011.

[57]　王亚荣. 风力发电与机组系统［M］. 北京：化学工业出版社，2014.

[58]　任清晨. 风力发电机组工作原理和技术基础［M］. 北京：机械工业出版社，2010.

[59]　王汉功，陈桂明. 铁谱图像分析理论与技术［M］. 北京：科学出版社，2005.

[60]　颉敏杰，夏群英，戴青. 润滑剂承载能力测定法 GB/T 3142 和 GB/T 12583 对比［J］. 石油商技，2007，（3），60-63.

[61]　王坚，张英堂，油液分析技术及其在状态监测中的应用［J］. 润滑与密封，2002（4）：77-78.